青少年人工智能与编程系列丛书

跟我学Python三级

潘晟旻　　主　编

刘领兵 姜 迪　副主编

清华大学出版社

北京

内 容 简 介

本书以团体标准《青少年编程能力等级 第 2 部分：Python 编程》为依据，旨在促进数据思维训练，内容覆盖该标准 Python 编程三级全部 12 个知识点。全书共 12 个单元，分为三部分。第一部分为数据类型基础篇（第 1~3 单元），主要介绍 Python 中常见组合数据类型的使用，包括序列、元组、集合和字典等内容。第二部分为数据认识提高篇（第 4~7 单元），主要介绍数据维度以及对一维、二维和多维数据的处理。第三部分为数据处理能力进阶篇（第 8~12 单元），全面介绍文本数据、HTML 数据、向量数据以及图像数据等各种数据的处理，包括以 Web 作为数据来源的数据爬取。本书适合报考全国青少年编程能力等级考试（PAAT）Python 三级科目的考生选用，也是具有 Python 编程基础的读者进一步学习 Python 数据处理的较为理想的教材。

图书在版编目（CIP）数据

跟我学 Python. 三级 / 潘晟旻主编 . —北京：清华大学出版社，2023.7
（青少年人工智能与编程系列丛书）
ISBN 978-7-302-63971-8

Ⅰ. ①跟…　Ⅱ. ①潘…　Ⅲ. ①软件工具－程序设计　Ⅳ. ① TP311.561

中国国家版本馆 CIP 数据核字（2023）第 117080 号

责任编辑： 谢　琛　薛　阳
封面设计： 刘　键
责任校对： 韩天竹
责任印制： 宋　林

出版发行： 清华大学出版社
网　　址： http://www.tup.com.cn, http://www.wqbook.com
地　　址： 北京清华大学学研大厦 A 座　　**邮　　编：** 100084
社 总 机： 010-83470000　　**邮　　购：** 010-62786544
投稿与读者服务： 010-62776969, c-service@tup.tsinghua.edu.cn
质量反馈： 010-62772015, zhiliang@tup.tsinghua.edu.cn
印 装 者： 三河市铭诚印务有限公司
经　　销： 全国新华书店
开　　本： 185mm × 260mm　　**印　　张：** 13　　**字　　数：** 243 千字
版　　次： 2023 年 9 月第 1 版　　**印　　次：** 2023 年 9 月第 1 次印刷
定　　价： 79.00 元

产品编号：099517-01

序

Preface

为了规范青少年编程教育培训的课程、内容规范及考试，全国高等学校计算机教育研究会于 2019—2022 年陆续推出了一套《青少年编程能力等级》团体标准，包括以下 5 个标准：

- 《青少年编程能力等级 第 1 部分：图形化编程》(T/CERACU/AFCEC/SIA/CNYPA 100.1—2019)
- 《青少年编程能力等级 第 2 部分：Python 编程》(T/CERACU/AFCEC/SIA/CNYPA 100.2—2019)
- 《青少年编程能力等级 第 3 部分：机器人编程》(T/CERACU/AFCEC 100.3—2020)
- 《青少年编程能力等级 第 4 部分：C++ 编程》(T/CERACU/AFCEC 100.4—2020)
- 《青少年编程能力等级 第 5 部分：人工智能编程》(T/CERACU/AFCEC 100.5—2022)

本套丛书围绕这套标准，由全国高等学校计算机教育研究会组织相关高校计算机专业教师、经验丰富的青少年信息科技教师共同编写，旨在为广大学生、教师、家长提供一套科学严谨、内容完整、讲解详尽、通俗易懂的青少年编程培训教材，并包含教师参考书及教师培训教材。

这套丛书的编写特点是学生好学、老师好教、循序渐进、循循善诱，并且符合青少年的学习规律，有助于提高学生的学习兴趣，进而提高教学效率。

学习，是从人一出生就开始的，并不是从上学时才开始的；学习，是无处不在的，并不是坐在课堂、书桌前的事情；学习，是人与生俱来的本能，也是人类社会得以延续和发展的基础。那么，学习是快乐的还是枯燥的？青少年学习编程是为了什么？这些问题其实也没有固定的答案，一个人的角色不同，便

会从不同角度去认识。

从小的方面讲，“青少年人工智能与编程系列丛书”就是要给孩子们一套易学易懂的教材，使他们在合适的年龄选择喜欢的内容，用最有效的方式，愉快地学点有用的知识，通过学习编程启发青少年的计算思维，培养提出问题、分析问题和解决问题的能力；从大的方面讲，就是为国家培养未来人工智能领域的人才进行启蒙。

学编程对应试有用吗？对升学有用吗？对未来的职业前景有用吗？这是很多家长关心的问题，也是很多培训机构试图回答的问题。其实，抛开功利，换一个角度来看，一个喜欢学习、喜欢思考、喜欢探究的孩子，他的考试成绩是不会差的，一个从小善于发现问题、分析问题、解决问题的孩子，未来必将是一个有用的人才。

安排青少年的学习内容、学习计划的时候，的确要考虑“有什么用”的问题，也就是要考虑学习目标。如果能引导孩子对为他设计的学习内容爱不释手，那么教学效果一定会好。

青少年学一点计算机程序设计，俗称“编程”，目的并不是要他能写出多么有用的程序，或者很生硬地灌输给他一些技术、思维方式，要他被动接受，而是要充分顺应孩子的好奇心、求知欲、探索欲，让他不断发现“是什么”“为什么”，得到“原来如此”的豁然开朗的效果，进而尝试将自己想做的事情和做事情的逻辑写出来，交给计算机去实现并看到结果，获得“还可以这样啊”的欣喜，获得“我能做到”的信心和成就感。在这个过程中，自然而然地，他会愿意主动地学习技术，接受计算思维，体验发现问题、分析问题、解决问题的乐趣，从而提升自身的能力。

我认为在青少年阶段，尤其是对年龄比较小的孩子来说，不能过早地让他们感到学习是压力、是任务，而要学会轻松应对学习，满怀信心地面对需要解决的问题。这样，成年后面对同样的困难和问题，他们的信心会更强，抗压能力也会更强。

针对青少年的编程教育，如果教学方法不对，容易走向两种误区：第一种，想做到寓教于乐，但是只图了个“乐”，学生跟着培训班“玩儿”编程，最后只是玩儿，没学会多少知识，更别提能力了，白白占用了很多时间，这多是因为教材没有设计好，老师的专业水平也不够，只是哄孩子玩儿；第二种，选的教材还不错，但老师只是严肃认真地照本宣科，按照教材和教参去“执行”教学，学生很容易厌学、抵触。

本套丛书是一套能让学生爱上编程的书。丛书体现的“寓教于乐”，不是浅层次的“玩乐”，而是一步一步地激发学生的求知欲，引导学生深入计算机程序的世界，享受在其中遨游的乐趣，是更深层次的“乐”。在学生可能有疑问的每个知识点，引导他去探究；在学生无从下手不知如何解决问题的时候，循循善诱，引导他学会层层分解、化繁为简，自己探索解决问题的思维方法，并自然而然地学会相应的语法和技术。总之，这不是一套“灌”知识的书，也不是一套强化能力“训练”的书，而是能巧妙地给学生引导和启发，帮助他主动探索、解决问题，获得成就感，同时学会知识、提高能力。

丛书以《青少年编程能力等级》团体标准为依据，设定分级目标，逐级递进，学生逐级通关，每一级递进都不会觉得太难，又能不断获得阶段性成就，使学生越学越爱学，从被引导到主动探究，最终爱上编程。

优质教材是优质课程的基础，围绕教材的支持与服务将助力优质课程。初学者靠自己看书自学计算机程序设计是不容易的，所以这套教材是需要有老师教的。教学效果如何，老师至关重要。为老师、学校和教育机构提供良好的服务也是本套丛书的特点。丛书不仅包括主教材，还包括教师参考书、教师培训教材，能够帮助新的任课教师、新开课的学校和教育机构更快更好地建设优质课程。专业相关、有时间的家长，也可以借助教师培训教材、教师参考书学习和备课，然后伴随孩子一起学习，见证孩子的成长，分享孩子的成就。

成长中的孩子都是喜欢玩儿游戏的，很多家长觉得难以控制孩子玩计算机游戏。其实比起玩儿游戏，孩子更想知道游戏背后的事情，学习编程，让孩子

体会到为什么计算机里能有游戏，并且可以自己设计简单的游戏，这样就揭去了游戏的神秘面纱，而不至于沉迷于游戏。

希望这套承载着众多专家和教师心血、汇集了众多教育培训经验、依据全国高等学校计算机教育研究会团体标准编写的丛书，能够成为广大青少年学习人工智能知识、编程技术和计算思维的伴侣和助手。

清华大学计算机科学与技术系教授　郑　莉

2022 年 8 月于清华园

前　言

国家大力推动青少年人工智能和编程教育的普及与发展，为中国科技自主创新培养扎实的后备力量。Python 语言作为贯彻《新一代人工智能发展规划》和《中国教育现代化 2035》的主流编程语言，在青少年编程领域逐渐得到了广泛的推广和普及。

当前，作为一项方兴未艾的事业——青少年编程教育在实施中陷入因地区差异、师资力量专业化程度不够、社会培训机构庞杂等诸多因素引发的无序发展状态，出现了教学质量良莠不齐、教学目标不明确、教学质量无法科学评价等诸多“痛点”问题。

本套丛书以团体标准《青少年编程能力等级 第 2 部分：Python 编程》（T/CERACU/AFCEC/SIA/CNYPA 100.2—2019）为依据，内容覆盖标准全部 48 个知识点。本书对应青少年编程能力 Python 编程三级。作者充分考虑三级对应的青少年年龄阶段的学业适应度，形成了以知识点为主线，知识性、趣味性、能力素养锻炼相融合，与全国青少年编程能力等级考试（PAAT）标准相符合的一套适合学生学习和教师实施教学的教材。

“育人”先“育德”，为实现立德树人的基本目标，课程案例涵盖了中华民族传统文化、社会主义核心价值观、红色基因传承等思政元素，注重传道授业解惑、育人育才的有机统一。融合“标准”、“知识与能力”和“测评”，以“标准”界定“知识与能力”，以“知识与能力”约束“测评”，是本书的编撰原则及核心特色。用规范、科学的教材，推动青少年 Python 编程教育的规范化，以编程能力培养为核心目标，培养青少年的计算思维和逻辑思维能力，塑造面向未来的青少年核心素养，是本书编撰的初心和使命。

本书由潘晟旻组织编写并统稿。全书共分为 12 单元，其中第 1~7 单元由潘晟旻编写，第 8~12 单元由刘领兵编写，姜迪负责组织本书立体化资源建设。

本书的编写得到了全国高等学校计算机研究会的立项支持（课题编号：CERACU2021P03）。畅学教育科技有限公司为本书提供了插图设计和平台测试等方面的支持。全国高等学校计算机教育研究会—清华大学出版社联合教材工作室对本书的编写给予了大力协助。“PAAT 全国青少年编程能力等级考试”考试委员会对本书给予了全面的指导。郑骏、姚琳、石健、佟刚、李莹等专家对本书的编写给予了指导。在此对上述机构、专家、学者和同仁一并表示深深的感谢！

祝孩子们通过本教材的学习，能够顺利迈入 Python 编程的乐园，点亮计算思维的火花，收获用代码编织智能、用智慧开创未来的能力。

作　者

2023 年 7 月

目 录

Contents

跟我学Python三级

IX

第1单元
序列与元组

“小帅，明天春游，我要帮助老师组织同学们乘坐旅游车。我该怎样做才能让大家又快又准确地上车呢？”

“小萌，你可以让同学们记住乘坐几号车以及座位号，例如，3 号车 15 号座位，然后排队上车，有了顺序就不会混乱啦。”

一年中春、夏、秋、冬更迭的四季，汽车牌照中先后出现的字母及数字，游乐园等候入场的队伍……在生活中，这样的数据队列无处不在。

为了表示和处理这类信息，Python 语言将具有先后顺序的、可以通过序号访问的一列数据对象统称为序列。字符串（str）、列表（list）和元组（tuple）等数据类型都属于序列。

其实，序列不是 Python 中的一种数据类型，而是具有共同特征的几种数据类型的统称。Python 之所以将字符串、列表、元组等数据类型归为序列类，就是因为它们之间存在着很多相同的特性，可以用通用的方法进行信息的处理，以提高学习和应用这些数据类型的效率。

图 1-1　不同的车辆

图 1-1 中展示了三种不同类型的车辆，如果让你归纳一下，你能够说出它们之间有哪些相同点和不同点吗？

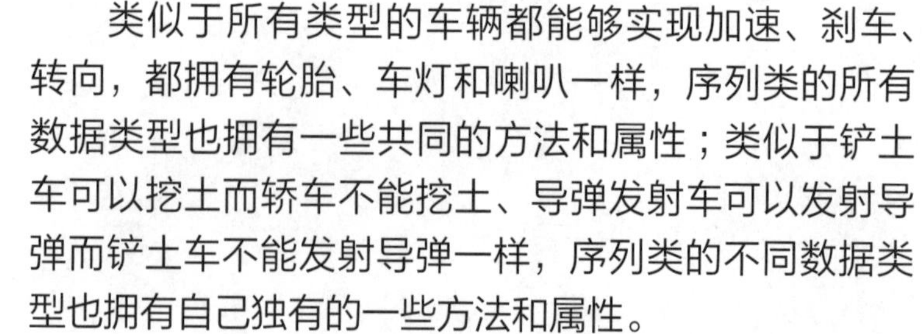

类似于所有类型的车辆都能够实现加速、刹车、转向，都拥有轮胎、车灯和喇叭一样，序列类的所有数据类型也拥有一些共同的方法和属性；类似于铲土车可以挖土而轿车不能挖土、导弹发射车可以发射导弹而铲土车不能发射导弹一样，序列类的不同数据类型也拥有自己独有的一些方法和属性。

例如，对于字符串 s='Hello'，若执行命令 s[1]='P'，则会得到“TypeError: 'str' object does not support item assignment”这样的出错信息，而对于 s1=list('Hello')，执行命令 s1[1]='P'，则可以顺利通过，其原因就是因为字符串和列表虽然同属于序列，但是字符串是不可改变的，而列表是可以改变的。

“是不是排在一起的一组数据就是序列呢？为什么序列还要分为不同的数据类型呢？”

“不同的序列对数据有不同的要求。就像上课时同学们不能随意走动，而打篮球时要灵活跑动一样。”

1.1　序列类数据

其实序列不仅是简单的排列在一起的数据，在 Python 中，序列是具有先后关系的一组元素，并且序列中的元素允许重复，就是说在序列中可以存在位置不同而数值相同的元素。

字符串、列表和元组是常见的 Python 序列类型衍生出来的数据类型。序列类的数据类型有着若干种通用的基本操作，掌握这些基本操作，有助于理解序列的特征，从而高效地运用序列类的各种数据类型。

1. 序列的索引访问操作

每个元素在序列中的位置都由序列的索引标识，索引下标从 0 开始，例如 s=['a','p','p','l','e']，则 print(s[0]) 将输出 a，以此类推，第 2 个元素为 s[1]，第 3 个元素为 s[2]……序列最后一个元素的索引也可以从 −1 开始，例如，print(s[−1]) 将输出 e。

序列的索引示意如图 1-2 所示（设序列名为 s）。

正向递增索引 →

s[0]	s[1]	s[2]	s[3]	s[4]
'red'	'tomato'	25.4	12	'purple'
s[-5]	s[-4]	s[-3]	s[-2]	s[-1]

← 反向递增索引

图 1-2　序列的索引示意图

“老师，我们都习惯说第1个、第2个……为什么序列的索引不从1开始，而是从0开始呢？”

“计算机和人不同，是采用二进制计数的，二进制就是从0开始，为了充分利用二进制数字，不造成浪费，计算机的内存地址、序列索引等都是从0开始编号的。”

2. 序列的切片操作

利用索引可以将元素一个一个地从序列中取出，也可以利用索引将序列中多个元素一次性取出，这叫作序列的切片（slice）。从身份证号码中提取出生年月日，从一串数字中取出指定数位的数值，从跑步成绩列表中取出最后三名的成绩……生活中这样的序列切片操作十分常见。

切片操作的基本形式为：s[i:j] 或者 s[i:j:k]。其中，i 为序列切片开始的索引（包含 s[i]），j 为序列切片结束的索引（不包含 s[j]），k 为步长。利用步长值，可以实现在序列中每隔若干个元素取值的跳跃性切片。例如，s=[1,2,3,4,5,6]，则切片 s[1:5] 的结果为 [2,3,4,5]，切片 s[1:5:1] 的结果同样为 [2,3,4,5]。可见，切片操作默认的步长值为 1，即序列中的元素一个接一个地被获取。如果步长为 2，则切片 s[1:5:2] 的结果为 [2,4]，即从开始索引的位置，每隔一个元素获取一个切片值。

因为序列的索引值还可以为负数，所以在切片中，开始索引、结束索引以及步长值都可以为负数，也可以正数和负数混合应用。因此，通过切片操作可以灵活地获取序列中的部分或者全部元素。下面以字串切片为例，通过一组切片操作，详细了解切片操作的细节。

```
es="少年智则国智，少年富则国富，少年强则国强"
>>> es[0:3]  #切片索引不包括右边界，[0:3] 取值范围为 es[0]、es[1]、es[2]
'少年智'
>>> es[:2]              #省略开始索引，默认从 0 开始
'少年'
>>> es[14:]             #省略结束索引，默认值为 len(es)，即序列的长度值
```

```
'少年强则国强'
>>> es[::]          # 开始和结束索引都缺省，则默认取整个序列
'少年智则国智，少年富则国富，少年强则国强'
>>> es[-1:-7:-1]# 可以利用反向索引，以及负值步长，逆向切片取值
'强国则强年少'
>>> es[:-3:-1]    # 当步长为负值时，若省略开始的索引，则默认从 -1 开始
'强国'
>>> es[::-1] # 步长为 -1 时，若省略开始和结束索引，则获得整个序列逆向切片
'强国则强年少，富国则富年少，智国则智年少'
>>> es[7:-7]        # 切片索引允许正向索引和逆向索引混合引用
'少年富则国富'
>>> es[1:3:-1]    # 若切片范围及步长设置不合理，则会返回空序列
''
>>> es[14:30]      # 若切片范围或步长设置超出序列有效范围，则忽略超出部分
'少年强则国强'
```

【问题 1-1】 下列操作都能得到有效的切片值吗？如果能够得到，那么值是什么？

```
[1, 2, 3, 4, 5][1:3]
[1, 2, 3, 4, 5][1:1]
```

【问题 1-2】 range( )可以切片吗，下列对 range 的切片将得到什么结果？

```
range(8)[1:3]
```

【问题 1-3】 设 L = [1, 2, 3, 4,5]，则下列切片的结果不为 [3] 的是（　　）。

A. L[2:3]　　B. L[–3:3]　　C. L[–1:1:–1][–1:]　　D. L[–2:–3:–1]

3. 序列的连接和重复操作

通过运算符“+”可以连接两个序列，形成一个新的序列；通过运算符“*”可以实现重复一个序列 n 次的运算（n 需为整数）。

例如，若 s1=[1,2,3]，s2=['4','5','6']，则 s1+s2 会得到一个新的序列：[1,2,3,'1','2','3']。

若 s1='加油！'，s1*3 则会得到一个新序列：'加油！加油！加油！'。

【问题 1-4】 在序列重复运算中，如果“序列 *n”的 n 值为 0 或者为负整数，将得到什么结果？如果 n 的值为小数，例如 2.5，会得到重复两次半的序列吗？

除了连接和重复运算，序列还能够通过其他运算符、函数和方法，实现较为丰富的通用运算。表 1-1 列举了常用的序列通用运算。

表 1-1　序列的通用运算

运算实例	运算类别	运算说明
x in s	运算符	判断元素 x 是否存在于序列 s 中。若存在，返回 True；若不存在，返回 False
x not in s	运算符	判断元素 x 是否不存在于序列 s 中。若不存在，返回 True；若存在，返回 False
s.count(x)	方法	统计元素 x 在序列 s 中出现的次数，若 x 在序列中不存在，则返回 0
s.index(x)	方法	返回元素 x 在序列 s 中第一次出现的索引位置。若 x 在序列中不存在，将返回“ValueError”的错误信息
len(s)	函数	计算序列 s 的长度，即序列中元素的个数
max(s)	函数	返回序列中值最大的元素
min(s)	函数	返回序列中值最小的元素

“哇！序列有这么多种运算呀，今后我想将重要的事情说三遍，通过 *3 就可以轻松实现啦～”

“序列能够进行的通用运算还不止这么多，例如，序列可以进行比较运算、排序等。更多关于序列的秘密等待你在编程中探索吧！”

【问题 1-5】 设 t =[2,4,6,8,9]，则下列表达式的值最小的是（　　）。

A. len(t)　　B. t.count(9)

C. t.index(9)　　D. max(t)

1.2　元组的创建及使用

在日常生活中，有些序列可以随意修改，例如，在饭店点菜的菜单，mymenu=['香辣鸡翅','牛排','素炒藕片']，如果想添加一道菜，可以使用下列命令：

```
>>> mymenu.append('红烧鲫鱼 ')
>>> mymenu
['香辣鸡翅', '牛排', '素炒藕片', '红烧鲫鱼']
```

同样的道理，某一道菜没有食材了，也可以从菜单中删掉，或者换作另外一道菜，这对于列表的操作而言都是可以轻而易举可以实现的。但是有些序列，则不希望它可以被任意修改。例如，一周有七天，用列表表示为 weeklist=['周日','周一','周二','周三','周四','周五','周六']，假设某个粗心的人在列表中添加了一个'周七'，则显然不符合正常的逻辑。在这种情况下，更需要有一种不能够被修改的序列来实现上述信息的表达，元组就是比较符合这种应用需求的序列类型。

元组的创建

在 Python 中，元组采用圆括号来定义，可以包含 0 个或多个元素，元素之间用逗号隔开。需要注意的是，元组一旦创建，其元素即保持不变，不可以进行增加、删除及修改。例如，通过如下代码实现元组的创建。

```
>>> tp1 = (1,'2',"ABC")  # 创建元组
>>> tp2 = ()             # 创建空元组
>>> tp3 = (1,)           # 创建只有一个元素的元组
>>> tp4 = 1,2,3          # 创建元组时，可以通过逗号分隔元素而不加圆括号
>>> tp5 =(1,)
>>> tp6 = (1)
>>> type(tp5)            # 通过 type() 测试 tp5 数据类型
<class 'tuple'>
>>> type(tp6)            # 通过 type() 测试 tp6 数据类型
<class 'int'>
```

注意，当元组只有 1 个元素时，一定要在元素后面加逗号，否则 Python 就无法将单个带括号的数据与元组加以区分，从而出现应用的错误。例如：

```
>>> tp3 =(1,)
>>> tp4 = (1)
>>> type(tp3)
<class 'tuple'>
>>> type(tp4)          # 通过 type() 测试 tp4 是整数类型 int
<class 'int'>
```

元组也可以通过创建对象的方式来加以创建，创建的形式为：

tuple( ) # 创建一个空元组

tuple(iter) #iter 可以是字串、列表、range 等对象，例如：

```
>>> t1 = tuple('abc')          # 创建的元组为 ('a','b','c')
>>> t2 = tuple(range(5))       # 创建的元组为 (0,1,2,3,4)
>>> t3 = tuple([1,2,3])        # 创建的元组为 (1,2,3)
```

2. 元组的操作

因为元组属于序列类型的一种，所以序列类型的通用操作都适合于元组，即元组也可以进行索引访问、切片、连接、重复等序列通用的运算。

元组被创建后，其元素不能被修改，例如，以下的操作是非法的，将返回错误信息。

```
>>> tp = (1,2,3)
>>> tp[0] = 5   # 试图修改 tp[0] 的值，将返回元组元素不支持赋值的出错信息
Traceback (most recent call last):
  File "<pyshell#3>", line 1, in <module>
    tp[0] = 5
TypeError: 'tuple' object does not support item assignment
```

要想改变元组中的某一个元素，只能重新给这个元组“赋值”，例如：

```
tp = (1,2,3)
tp = (1,2,4)    # 重新对元组“赋值”
```

实际上，Python 具有“万物皆对象”的特征，所谓的重新“赋值”，其实是完全重新创建了一个元组对象，然后将元组变量名“tp”重新“绑定”到新的对象上了。上例中的 (1,2,3) 和 (1,2,4) 是完全不同的两个独立的对象，并不是修改了元素的值，如图 1-3 所示。

图 1-3　重新“赋值”前后元组名与元组对象的绑定关系

同时，元组中的某一元素也不允许进行删除，只能使用 del 语句删除整个元组。注意，元组被删除后，该元组对象将不存在，而不是得到空元组。例如:

```
>>> tp = tuple("abc")    # 利用字串对象创建一个元组
>>> print(tp)            # 输出该元组，得到 ('a','b','c')
('a', 'b', 'c')
```

```
>>> del tp                    # 删除该元组
>>> print(tp)                 # 试图输出删除的元组，将得到 tp 未定义的出错信息
Traceback (most recent call last):
  File "<pyshell#7>", line 1, in <module>
    print(tp)
NameError: name 'tp' is not defined
```

【问题 1-6】 运行下列程序，输出的结果是（　　）。

```
tp = 1,2,3,0,[4,2]
print(min(tp[-1]))
```

A. –1　　　　B. 0

C. 1　　　　D. 2

1.3 有序数据组的处理

一位同学的期末各科成绩；一间教室的温度、湿度、空气洁净度；一位参加演讲比赛的选手所获得的各个评委的评分……这些有序的数据组在生活中随处可见，对这些数据的处理、分析和计算，能够帮助人们解决各种筛选、比较、排序等问题。元组、列表等序列在这类问题求解中往往承担着存储数据、表示数据、呈现结果等重要的角色。

首先，用一段熟悉的变量数值交换的代码，来认识元组的应用。

```
a = 1
b = 2
a , b = b , a
print("a={},b={}".format(a,b))
```

显然，这段代码运行的结果是“a=2, b=1”。以元组解包，即将元组当中每一个元素都赋值给一个变量来解释上述代码，则很容易理解变量数值交换的奥秘。

语句 a, b = b, a，首先将赋值符号“=”右侧的 b, a 封装成一个元组 (b, a)，即 (2, 1)，此时语句等价于 a, b=(2, 1)。然后再将元组解包，各个元素值依次赋给 a 和 b，即 a=(2, 1)[0]，b=(2, 1)[1]，就完成了变量 a 和 b 数值的“交换”。

“我终于明白元组的解包操作是怎么回事了，就像老师给小朋友们依次分水果(如图 1-4 所示)。”

```
fruit=("orange","banana","apple","lemon","strawberry","watermelon")
c1,c2,c3,c4,c5,c6=fruit  #排排坐，吃果果
```

图 1-4　元组解包示意

元组常用于表示具有较强关联性且不宜被修改的数据组，例如，表示某一地点的经度、维度和海拔值。只有经度值或者纬度值是无法定位一个地点位置的，海拔值脱离了经度和维度的定位，也将失去意义，所以它们是一组具有强烈关联的有序数组，适合用元组进行表示。例如：

```
gis_kunming = (102.42,25.02,1891)
gis_beijing = 116.23,39.54,44
# 创建元组时，数据序列可以不加圆括号
gis_citys =((102.42,25.02,1891),(116.23,39.54,44))
# 元组的元素还可以是元组，列表等序列类型
```

下列代码通过对元组的遍历访问，输出相关城市的地理信息。

```
gis_citys =((102.42,25.02,1891),(116.23,39.54,44))
gis_info =("经度","纬度","海拔")
for i in range(len(gis_info)):
    print("昆明{}:{}".format(gis_info[i],gis_citys[0][i]))
for i in range(len(gis_info)):
```

```
    print("北京{}:{}".format(gis_info[i],gis_citys[1][i]))
```

代码执行结果为：

```
昆明经度:102.42
昆明纬度:25.02
昆明海拔:1891
```

```
北京经度:116.23
北京纬度:39.54
北京海拔:44
```

【问题 1-7】 如果用元组存储了一组数据，表示若干位评委为一位歌唱比赛选手的现场评分，怎样实现去掉一个最高分，去掉一个最低分，并利用剩余的有效分数求取这位选手的平均得分？

“本单元我们主要学习了序列和元组，其实这里既有对字串、列表等知识的重温，又有对元组等新知识的探索。掌握了序列类型的通用计算，再学会元组特有的性质，相信大家会灵活而高效地用好元组、学会有序数据组的处理的！本单元后面的习题，有助于检验大家的学习效果，抓紧做一下吧。”

1. 下列数据类型，不属于序列类型的是（　　）。

A. 字符串 str　　B. 列表 list　　C. 元组 tuple　　D. 集合 set

2. 对于序列 s，正确的切片表达式是（　　）。

A. s[i, j, k]　　B. s[i:j:k]　　C. s[i; j; k]　　D. s(i:j:k)

3. 若 seq 是 Python 中的一个序列，那么以下描述错误的是（　　）。

A. 如果 x 是 seq 的元素，则 x not in seq 返回 False

B. 如果 x 不是 seq 的元素，则 x in seq 返回 False

C. 如果 seq=(1, 2, 3, 4)，则 seq[1:3:-1] 返回 (3, 2)

D. 如果 seq=(1, 2, "3")，则 seq[-1] 返回 '3'

4. 运行下列代码，输出的结果是（　　）。

```
tp = ('cat', 'dog', 'monkey', 'horse', 'bird')
print(len(tp), max(tp), min(tp))
```

A. 5 monkey bird　　B. 5 monkey cat

C. 4 monkey bird　　D. 4 monkey cat

5. 运行下列代码，输出的结果是（　　）。

```
t = ()
s = (1,(3,5))
print(len(t+2*s))
```

A. 7　　B. 6　　C. 5　　D. 4

6. 下列定义中，t 不是元组的是（　　）。

A. t = ()　　B. t = 1, 2　　C. t = (1)　　D. t = (1,)

7. 运行下列程序，输出结果为（　　）。

```
s_data = ("张强", "汉", 15)
s_info = ("姓名", "民族", "年龄")
for i in range(len(s_info)):
    print("{1:}:{0:}".format(s_data[i], s_info[i]))
```

A. 姓名 : 张强 民族 : 汉 年龄 :15　　B. 张强 : 姓名 汉 : 民族 15: 年龄

C. 张强 : 姓名 汉 : 民族 15: 年龄　　D. 姓名 : 张强 民族 : 汉 年龄 :15

8. 下列有关列表、元组、字串的叙述，正确的是（　　）。

A. 它们都是序列，都能够进行索引的访问和切片

B. 它们都是序列，都能够进行单个元素的删除

C. 字串和列表可以作为元组的元素，但是元组不能作为列表的元素

D. 字串和列表是可变类型，而元组不是

9. 若 s=tuple(“KUST”)，则 s[::-1] 的值为（　　）。

A. ("KUST")　　B. ('K','U','S','T')

C. ("TSUK")　　D. ('T','S','U','K')

10. 编程实现以下功能。

获得用户输入的以逗号分隔的三个数字，记为 a、b、c，以 a 为起始数值，b 为差，c 为数值的数量，产生一个等差数列，将这个数列以列表格式输出。

注意：a、b、c 均为整数，c 为正整数，不考虑输入错误。

例如：

```
输入:5,2,4
输出:[5,7,9,11]
输入: 18,-4,5
输出:[18,14,10,6,2]
```

11. 编程实现以下功能：

已知有元组 tnum=('〇','一','二','三','四','五','六','七','八','九')。

获得用户输入的一个正整数，将每个数字字符（0~9）用元组 tnum 中对应的中文字符替换，并输出替换后的结果。

例如：

```
输入:192
输出:一九二


输入:2534
输出:二五三四
```

第 2 单元
集 合

“小帅，我们兴趣小组周末要去湿地公园调查生物多样性，你觉得我们该怎样调查统计公园中的生物种类呢？”

“小萌，我们可以分成几个小组，分别记录湿地公园里面的鱼类、鸟类、树木、花草，这样就可以全面记录湿地中的生物大家庭了。”

生活中的数据，有些存在着先后顺序，而有些却是无序的，例如，冷饮店中的饮品清单“烧仙草、柠檬汁、橙汁、珍珠奶茶……”，只要每种饮品的名称就好，而不用区分先后顺序，当然也不能重复记录相同的饮品。公园中花卉的种类、亚洲所有的国家、100 以内所有的偶数……这样不重复并且没有先后顺序要求的数据集，在 Python 中用集合（set）表示。

“老师，我们用列表也能够表示[1,2,3,4]、['烧仙草','橙汁','奶茶']这样的数据集，为什么还要用集合呢？”

“小萌，集合与列表不同，集合里面的数据是不允许重复的，并且集合里面的数据是没有先后顺序的，通过集合运算，可以快速判断一个数据是否属于某个集合，也可以进行一些只属于集合的运算。让我们在学习中体会集合的奥秘吧！”

例如，有这样一个由数字构成的列表 num_list = [1,2,5,1,5,7]，其中，num_list[0] 的值为 1，num_list[3] 的值也为 1，这两个 1 在列表中是不同的对象，因为它们在列表中所处的位置，即索引，是不同的。

在 Python 中，通过命令 set(num_list)，可以将列表 num_list 转换为集合，则会得到“{1,2,5,7}”这样的结果。当列表转换为集合时，其内部重复的数据对象就被归并在一起了，同时所有集合中的数据也就没有索引的顺序了。

利用集合运算，非常容易实现不同集合中相同部分查找、不同集合之间的差异查找、归并集合等运算。在本单元的学习中，集合，将逐渐揭开它神秘的

面纱，成为 Python 乐园中的新伙伴。用它的独门武功——集合运算，帮助小程序员们快速而准确地处理数据。

2.1　集合类型数据

集合（Set）是不重复元素组合成的整体。在 Python 中，集合的元素放置在大括号“{ }”中，各元素之间用逗号“，”隔开。例如下面的代码中，变量 color_set 的值按照集合的数据格式给出，然后用 type( ) 函数测试 color_set 的类型，就能得到 <class 'set'> 的测试结果。

```
>>> color_set = {'red','blue','green'}
>>> type(color_set)    # 通过 type() 测试 color_set 数据类型
<class 'set'>
```

“老师，全班同学是一个大家庭，如果把所有同学的名字都放到集合里，是不是可以方便统计大家的信息呢？”

“用集合存放全班同学的名字，可能会遇到一些问题。例如，有一位新的同学要加入班级，他恰巧和班级中现有的某位同学名字是一样的，就没有办法存入集合了。另外，如果每次通过集合打印全班同学的名字，顺序会经常变化，不方便统计。”

集合有如下三个重要的特性。

（1）集合中每一个元素都是唯一的，没有相同的元素。

（2）集合的元素之间没有顺序。

（3）集合的长度是可变的，可以添加或者删除元素，但是集合的元素是不

可变的数据类型。

整型、浮点型、字符串、元组等类型数据由于是不可变的，可以作为集合的元素，而列表和集合本身由于是可变的，不能够作为集合的元素。

【问题 2-1】 下列 3 个集合是否相等？为什么？

```
s1 = {'小明','小红','小雅' }
s2 = {'小红','小明','小雅'}
s3 = {'小明','小红','小明','小雅'}
```

【问题 2-2】 通过下面的代码，能够提取到集合中的元素，为什么？

```
s = {'apple','banana','melon'}
print(s[1])
```

【问题 2-3】 下列对集合的定义，不正确的是（　　）。

A. demo_1 = {1,2,'体育'}

B. demo_2 = {'中国',(1,1)}

C. demo_3 = {[1,3,5],78.5}

D. demo_4 = {'长征',2500,2500}

2.2 集合的创建和使用

1. 创建集合

在 Python 中，集合可以使用 set() 函数来创建，也可以通过大括号 { } 来创建。下列几条语句都可以完成集合的创建。

```
s_num = {1,2,3,4}
s_e = set()                     # 创建一个空的集合
s_c = set('Python')             # 将字串中的字母转换成集合元素
s_list = set([1,5,7])           # 将列表中的每个元素转换成集合的元素
s_r = set(range(5))             # 将 range() 产生的每个数作为集合的元素
```

“老师，我们可以用 [ ] 创建一个空列表，那么用 {} 也可以创建一个空的集合吧？”

“小萌，一对空的大括号 {} 不能创建一个空的集合，这是因为在 Python 中，还有一种叫作字典的数据类型，也是用大括号 {} 作为标识。例如 a={}，用 type(a) 测得的结果将是字典，即 dict 类型。”

用 set( ) 函数创建集合时，可以创建空的集合，也可以创建具有若干元素的集合。set( ) 函数可以将一个可迭代的对象，例如字符串、元组、列表、range( ) 序列转换成集合，但是不能将一个独立的值转换为集合。如果用下列语句创建集合，将得到语法出错的信息。

```
s_num = set(5)
```

Python 在创建集合时，将自动去除重复的元素。例如下列语句：

```
s_drink = {'咖啡','牛奶','果汁','牛奶','茶'}     # 有重复的元素
print(s_drink)              # 输出，可观察到无重复元素
```

在输出时会得到类似下面的结果：

```
{'咖啡', '牛奶', '果汁','茶'}
```

其中重复的元素将只保留一个，但是输出不按照固定的顺序，可能会发生变化，这是因为集合的元素是无序的。

2. 判断一个元素是否属于一个集合

成员运算符 in 和 not in 可以用来判断一个元素是否属于一个集合，判断结果为 True 或者 False。例如，将动物园猴馆中现有的猴类放在一个集合中，m_set = {' 金丝猴 ',' 猕猴 ',' 黑叶猴 ',' 猕猴 ',' 红面猴 ',' 卷尾猴 '}，若判断猴馆中是否有“食蟹猴”，可以设 x = ' 食蟹猴 '，然后用下列语句即可完成判断。

```
>>> m_set = {'金丝猴','猕猴','黑叶猴','猕猴','红面猴','卷尾猴'}
>>> x = '食蟹猴'
>>> x in m_set           # 判断 x 是否在集合 m_set 中
False                    # 返回结果为 False
>>> x not in m_set       # 判断 x 是否不在集合 m_set 中
True                     # 返回结果为 True
```

3. 集合与集合之间的运算

Python 支持集合间的交集、并集、差集和对称差集运算。设 A 与 B 是两个集合，它们之间的交集、并集、差集和对称差集运算示意如图 2-1 所示。

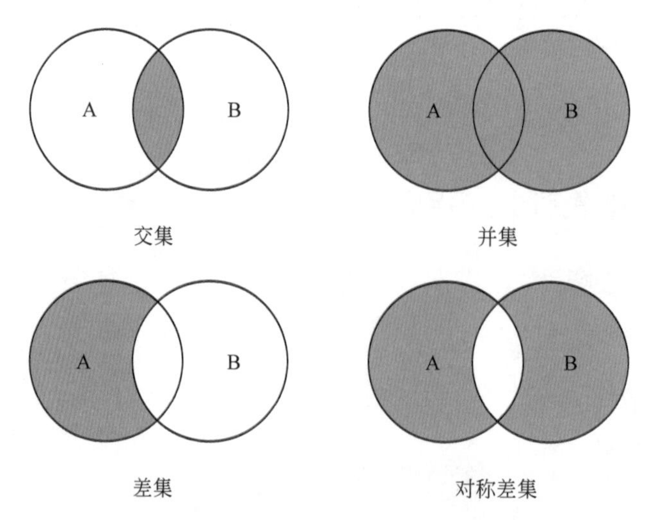

图 2-1　集合的 4 种基本运算

Python 的集合运算，既可以通过运算符实现，又可以通过集合对象的方法来实现（在 Python 中，任何类型的数据都被看作对象，集合也不例外）。具

体的运算实现如表 2-1 所示。

表 2-1　集合运算

运算类别	运算符	方　法	功能描述
交集运算	A & B	A. intersection(B)	产生一个新的集合，该集合包括集合 A 与集合 B 共有的元素
交集更新运算	A &= B	A. intersection_update(B)	更新集合 A，使其含有的元素为集合 A 与集合 B 共有的元素
并集运算	A | B	A. union(B)	产生一个新的集合，该集合包括集合 A 与集合 B 所有的元素
并集更新运算	A |= B	A. update(B)	更新集合 A，使其包括集合 A 与集合 B 所有的元素
差集运算	A - B	A. difference(B)	产生一个新的集合，该集合包括在集合 A 但不在集合 B 中的元素
差集更新运算	A -= B	A. difference_update(B)	更新集合 A，使其包括在集合 A 但不在集合 B 中的元素
对称差集	A ^ B	A. symmetric_difference(B)	产生一个新的集合，该集合包括集合 A 与集合 B 中的元素，但不包括同时在集合 A 与 B 中的元素
对称差集更新运算	A ^= B	A. symmetric_difference_update(B)	更新集合 A，使其包括集合 A 与集合 B 中的元素，但不包括同时在集合 A 与 B 中的元素

集合的运算可以用于许多数据的计算、判断、统计，例如，生成一个 30 以内的正整数集合 A，使其所有的元素都是 3 的倍数。集合生成语句如下。

```
A = set(range(3,31,3))
```

同理，再创建一个集合 B，使其所有元素都是 5 的倍数。

```
B = set(range(5,31,5))
```

最后，若求 1~30 中能够同时被 3 和 5 整除的数的集合，则可用交集运算完成。

```
>>> print(A & B) # 输出集合 A 与 B 的交集
{30, 15}
```

【问题 2-4】 如图 2-2 所示是五（3）班参加朗诵、跳绳比赛同学的名单。

朗诵组	刘冰	唐蕾	杨晓飞	张颖	张默然	郑为	李渡
跳绳组	张颖	刘冰	李泉	谢天	马雪	杨晓飞	胡明

图 2-2　参加比赛同学的名单

请通过集合运算统计：

（1）哪几位同学既参加了朗诵比赛，又参加了跳绳比赛?

（2）该班参加朗诵和跳绳比赛的同学名单。

（3）哪几位同学参加了朗诵比赛，但没有参加跳绳比赛?

（4）哪几位同学参加了单项的比赛?

4. 集合之间的比较运算

集合之间也能够利用比较运算符进行比较运算。即运算符 ==、!=、>、>=、<、<=，都能用于集合的运算，集合比较运算同其他类型数据比较运算一样，也会产生逻辑值 True 或 False。

集合在进行比较运算时，也要注意集合元素唯一性、无序性的特点，例如，下列运算中，两个集合比较的结果是“True”，是因为去除重复元素，不考虑元素的先后顺序，两个集合中元素是完全相同的。

```
>>> a = {1,2,3}
>>> b = {2,1,1,1,3}
>>> a == b
True
```

集合的 A<B、A<=B 比较运算，是判断集合 A 的元素是否包含于 B 之中，若 A<B 结果为 True，那么集合 A 叫作集合 B 的真子集；若 A<=B 结果为 True，那么集合 A 叫作集合 B 的子集。若 A>B 的结果为 True，则称集合 A 是集合 B 的真超集；若 A>=B 的结果为 True，则称集合 A 是集合 B 的超集。

例如，下列代码运行结果为 False，原因是并非比较元素值的大小，而是说明集合 A 并不包含在集合 B 之内。

```
>>> A = {0}
>>> B = {9}
>>> A < B
False
```

2.3　集合的无序数据处理

类型为 set 的集合是可变的，集合中的元素彼此没有先后顺序，且集合元素是可以添加及删除的，这样的特性使集合拥有较强的无序数据处理能力。

除了集合间的基本运算，表 2-2 中列举的方法，可以实现对集合中的元素进行添加、删除等操作。

表 2-2　集合（set）的操作方法

功能	方法运算	功能描述
添加元素	S.add(x)	将 x 作为一个元素添加到集合 S 中
删除元素	S.remove(x)	将元素 x 从集合 S 中删除，如果集合中不存在该元素，将会引发错误 KeyError
删除元素	S.discard(x)	将指定元素 x 从集合 S 中删除，如果集合 S 中不存在元素 x，程序正常执行，集合 S 无变化
删除元素	A.pop()	pop() 方法不需要参数。从集合中随机返回并删除一个元素。如果集合为空，将会引发错误 KeyError
清空集合	S.clear()	clear() 方法不需要参数，用于清空集合中的所有元素

“如果将我们课外航模小组的同学用集合表示，那么有新的同学加入、有同学退出小组、统计小组当前的人数……都可以通过集合操作来完成啦！”

现在就利用集合的操作方法，来实现对小帅同学航模小组的动态管理吧。

若干名同学构成了航模兴趣小组的集合，现输入一位同学的姓名，如果该同学的名字不在集合当中，就加入该同学，否则不需要加入。

```
hteam = {"杨帆","刘小帅","冯岳","李欣欣","张晓","李苗"}
t = input("请输入新加入的同学姓名:")
if t in hteam:
    print(t,"同学已经在航模小组中，不需要重新加入") #集合元素查重
else:
    hteam.add(t)    #集合加入新元素
    print(t,"同学已经加入航模小组")
    print("小组现有成员有:",hteam)
```

程序执行结果举例如下。

```
*************情况1****************
请输入新加入的同学姓名:张晓
张晓 同学已经在航模小组中，不需要重新加入
**************情况2***************
请输入新加入的同学姓名:王若一
王若一 同学已经加入航模小组
小组现有成员有: {'李欣欣', '冯岳', '李苗', '王若一', '张晓',
'杨帆', '刘小帅'}
```

仿照上述编程思路，输入一位同学的姓名，如果该同学在兴趣小组的集合中，就从集合中移除该同学，否则程序提示该同学不在集合中。你能完成这段程序的编写吗?

要从航模兴趣小组中随机抽取若干名同学参加航模竞赛，抽取人数由输入数据决定，如果抽取人数多于小组人数，则返回出错提示；如果抽取人数合理，则输出参赛同学名单。

```
hteam = {"杨帆","刘小宇","冯岳","李欣欣","张晓","李苗"}
gteam = set()                    #创建空集合，用于存放参赛名单
n = eval(input("请输入参赛学生人数:"))
if n > len(hteam):               #len()函数也可以求取集合的元素个数
```

```
    print("参赛同学数量多于兴趣小组人数，抽取失败")
else:
    for i in range(n):
        gteam.add(hteam.pop())
        #将hteam集合中的元素随机"弹出"，并加入gteam集合
    print("参赛队员有:",gteam)
```

程序执行情况举例如下。

```
*************情况1****************
请输入参赛学生人数:3
参赛队员有: {'张晓', '李苗', '杨帆'}
*************情况2****************
请输入参赛学生人数:3
参赛队员有: {'李欣欣', '李苗', '张晓'}
*************情况3****************
请输入参赛学生人数:7
参赛同学数量多于兴趣小组人数，抽取失败
```

上述执行结果体现了 pop( ) 方法用于集合所体现的数据的无序性。

pop( ) 方法本质上是将一个随机元素从集合中删除，上述程序中若通过 pop( ) 方法抽取 n 位同学参赛，实质上就相当于将这 n 位同学从 hteam 集合中删除了。如果参赛同学在比赛完毕要重新“归队”，那么该如何编写程序呢?

“本单元完成了对集合的学习，重点介绍了集合的元素唯一性、无序性和集合的可变性，学习了集合的基本运算以及集合常见的操作方法。利用集合的这些特性，可以不依赖随机函数即可实现随机管理集合中的数据，可以对列表快速排除重复项。本单元的习题有助于检验学习效果，抓紧做一下吧。”

习　题

1. 下列语句执行后，a 不属于集合类型的是（　　）。

A. a = set( )　　B. a = {1,2}　　C. a = {1}　　D. a = { }

2. 表达式 {1,2,3} < {3,4,5} 的值是（　　）。

A. True　　B. False　　C. None　　D. { }

3. 集合 A 与 B 的关系如图 2-3 所示，运算结果与阴影部分一致的表达式是（　　）。

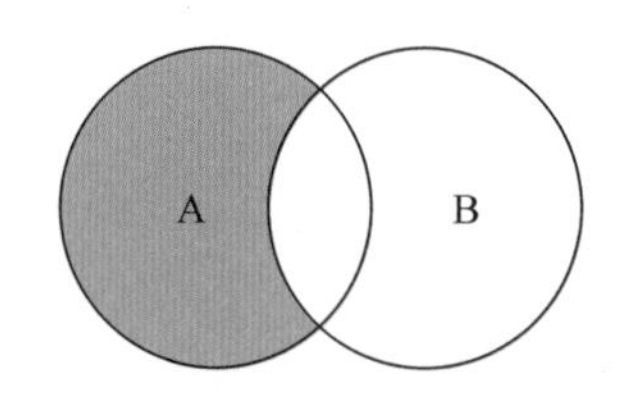

图 2-3　集合 A 与 B 的关系

A. A & B　　B. A | B　　C. A – B　　D. A ^ B

4. 运行下列代码，输出的结果是（　　）。

```
sfood =set(['红豆','大红豆','芋头','红豆','绿豆'])
print(len(sfood))
```

A. 5　　B. 4　　C. 3　　D. 2

5. 运行下列代码，输出的结果是（　　）。

```
day1 = set(['铅笔','橡皮','文具盒','水彩盘','记事本'])
day2 = {'铅笔','记事本','圆规'}
print(day1 & day2)
```

A. {'铅笔','记事本'}

B. {'水彩盘','橡皮','文具盒'}

C. {'圆规'}

D. {'水彩盘','圆规','记事本','文具盒','铅笔','橡皮'}

6. 运行下列程序，输出的结果是（　　）。

```
s1 = set()
s2 = set(range(0,10,3))
s3 = {'0', '3', '6', '9'}
print(s1 < s2 ,s2 == s3)
```

A. True False　　B. False True　　C. True True　　D. False False

7. 下列关于集合的叙述，正确的是（　　）。

A. 集合属于序列类型

B. 列表可以作为集合的元素

C. 关键词 in 可以用来判断某一元素是否属于某集合

D. 集合一旦建立，其长度不能修改

8. 运动会百米运动员用集合 m 表示，跳远运动员用集合 n 表示，其中含有若干位同时参加两项比赛的运动员。下列表达式能够正确表示参加两项比赛的运动员人数的是（　　）。

A. len(m)+len(n)　　B. len(m&n)　　C. len(m|n)　　D. len(m^n)

9. 若 s = {1,3,5,7,9}，则下列表达式错误的是（　　）。

A. s.add(13)　　B. s.pop( )　　C. s.clear( )　　D. s[1,3]

10. 运行下列代码，输出的结果是（　　）。

```
s1 = set("Python")
s2 = s1.copy()
s1.clear()
print(len(s1),len(s2))
```

A. 0,0　　B. 0,6　　C. 6,0　　D. 6,6

11. 编程实现以下功能。

设计 3 个集合，分别保存参加跳绳、游泳、跳高比赛的同学名单。统计并输出共有多少名同学参加比赛，以及同时参加两项及两项以上比赛的同学名单。

第3单元
字　典

“小帅，我今天参观了‘中国航天展’，感觉探月工程太伟大了！我们可以通过编程，将探月工程的一系列科研成果记录下来，方便记忆和查询吗？”

“小萌，我们可以为嫦娥工程做一本‘字典’，在这本字典中，用‘工程名：嫦娥5号’‘发射时间：2020年11月24日’‘目标：月球采样返回’……这样的条目来记录。这样查询探月工程就像翻字典一样简单啦！”

数据与数据之间往往存在着有趣的关联，如图3-1所示的连线题，是记忆数据之间关联性的常见形式。

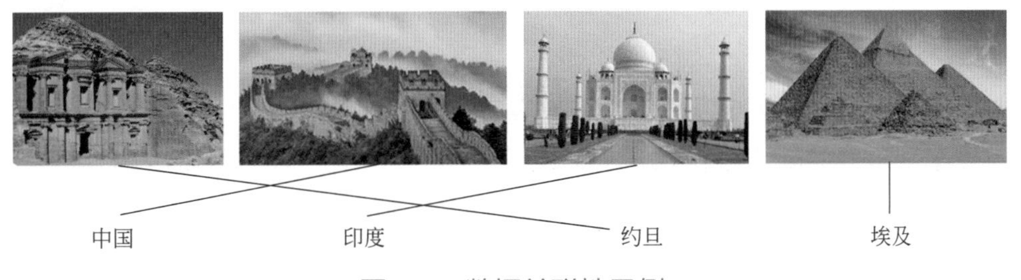

图3-1　数据关联性示例

有时候离开了关联，甚至会导致数据失去了其原本的含义。例如，可以用一个列表表示科目['语文','数学','美术']，用另一个列表表示分数[85,92,90]，如果分数没有与科目建立关联，那么它就没有明确的意义。所以我们看到的分数表达往往是这样的形式：语文:85，数学:92，美术:90。这种数据之间的关联，被称为“映射”。Python语言中的字典，就是一种可以存放这种具有映射关系数据的数据类型。

3.1　字典数据类型

Python用字典保存具有映射关系的数据。字典相当于保存了两组数据，其

中一组数据是关键数据，被称为键（key）；另一组数据可通过 key 来访问，被称为值（value）。字典类型满足了通过书名查询作者、通过国家查询首都、通过商品查询价格等具有关联关系的信息查询需求。

“学会运用字典，我们就可以通过 Python 编程，为‘嫦娥’和‘玉兔’建立百科知识小卡片了。”

在 Python 中，用一对大括号“{ }”存放字典的键值对，其中，键和值之间用冒号“:”连接，键值对之间用逗号“，”隔开，键值对之间是没有顺序的。一个字典中可以有 0 个或者多个键值对。字典的定义形式如图 3-2 所示。

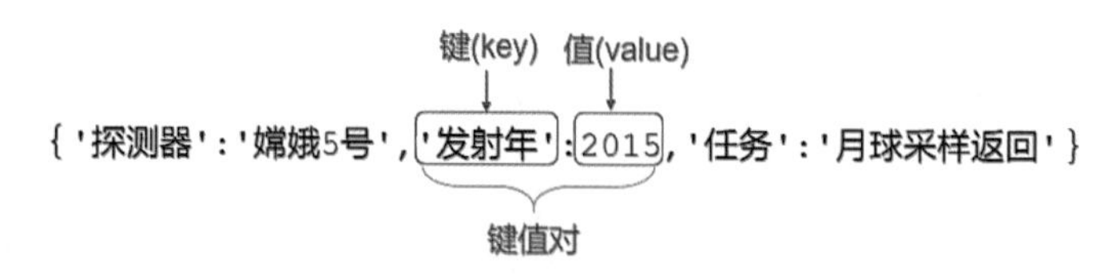

图 3-2　字典数据类型结构

Python 的字典类型具有以下特点。

（1）字典是可变的，即字典中的键值对是可以添加、删除的。

（2）字典以键值对为元素，且字典的元素是无序的。

（3）字典中的键不允许重复，但是值可以重复。

（4）字典中的键必须不可变，比如是数字、字符串、元组等不可变数据类型。字典中的值可以是不可变类型，也可以是列表等可变类型。

“老师，Python 中的字典，与我们使用的《新华字典》都叫‘字典’，它们之间有什么联系吗？”

“小萌，我们查《新华字典》时，是根据偏旁部首或者拼音查找到相应的汉字。而 Python 的字典是根据键去查找值，这两者是不是很相似？用好 Python 的字典，我们就能更好地管理信息。”

【问题3-1】 在集合中，集合的元素不能重复，例如，设置集合s={1,1,2,3}，最后集合会自动去除重复的元素，形成的集合形如{1,2,3}。字典也不允许键的重复，如果有键值重复的字典定义，会出现什么样的结果呢？

```
d = {'作者':'白居易', '朝代':'唐', '作者':'李白'}
```

【问题3-2】 关于字典的叙述，正确的是（　　）。

A. 字典的键与值都要保证唯一性，不允许重复

B. 列表可以作为字典的键

C. 由键和值组成的键值对构成，是无序的

D. 由键和值组成的键值对构成，是有序的

3.2　字典的创建及访问

1. 创建字典

在程序中创建字典，主要通过下面两种方法。

（1）直接在大括号"{}"中指定若干组键值对，如果大括号中没有键值对，即创建一个空字典。如下代码展示了字典的直接创建过程。

```
>>> d1={}                # 空字典的创建
>>> type(d1)             # 确定 d1 的数据类型
<class 'dict'>           # 输出 d1 的类型，即字典类型名为 'dict'
```

```
>>> d2 = {2022:'北京',2028:'罗马',2028:'洛杉矶'}
>>> d2
{2022: '北京', 2028: '洛杉矶'}   # 当键值重复时，保留最后一个键值对
>>> d3 = {('A','B'):[90,80],'C':70}
>>> d3        # 元组是不可变类型，可以作为键；列表是可变类型，可以作为值
{('A', 'B'): [90, 80], 'C': 70}
```

（2）使用内置函数 dict( ) 创建字典。若 dict( ) 不加参数，则创建一个空字典，若参数具有映射的参数，则建立与映射关系相一致的具有键值对的字典。

```
>>> dict1 = dict()            # 用 dict() 函数创建空字典
>>> print(dict1)
{}
>>> dict2 = dict(火箭 = '长征5号', 高度=57)  # 具有映射关系的参数
                                             # 创建字典
>>> dict2
{'火箭': '长征5号', '高度': 57}
>>> dict3 = dict([('湖泊','青海湖'),('平均水深(米)',21)])
>>> dict3                     # 实现了将序列创建为字典
{'湖泊': '青海湖', '平均水深(米)': 21}
```

“老师，Python 中的字典与集合都用大括号‘{}’表示，它们之间存在着联系吗？”

“字典和集合都是无序的，字典的键以及集合的元素都具有唯一性且不能是可变的数据类型。所以集合本质上就是没有值（value）的字典。”

2. 访问字典

生活中人们使用字典主要是用于查找生字，Python 中使用字典数据类型，一个主要的目的也是获得字典中的信息，即“访问”字典。Python 中字典的访

问主要有以下几种方式。

(1) 根据键访问值。

字典中每个元素表示一种映射关系，将提供的“键”作为索引，可以访问对应的值，如果字典中不存在这个“键”，则会返回错误信息。例如下列代码，演示了对存在于字典中键的访问，以及访问字典中不存在的键而引发的异常。

```
d ={'杭州':'西湖', '北京':'长城', '西安':'兵马俑'}
print("(1)",end =":")
print(d['北京'])              #'北京'是字典中存在的键
print("(2)",end =":")
print(d['天津'])              #'天津'是字典中不存在的键
```

执行结果如下。

```
(1):长城
(2):Traceback (most recent call last):
  File "Demo.py", line 5, in <module>
    print(d['天津'])
KeyError: '天津'
```

(2) 使用 get( ) 方法访问值。

为了避免在访问字典时，因为访问的某个键不在字典中而引发异常，可通过 get( ) 方法进行值的访问。get( ) 方法的语法格式如下。

```
dict.get([key[,default = None])
```

其中，key 为要访问的键，若该键存在，则返回对应的值；若该键不存在，则返回默认值。可自行设置需要输出的默认值，default=None 代表不指定默认值时，默认值为 None。下列代码展示了利用 get( ) 方法访问字典的情形。

```
d ={'杭州':'西湖', '北京':'长城', '西安':'兵马俑'}
print("(1):",d. get('北京'))          # 访问存在的键
print("(2):",d. get('天津'))          # 访问不存在的键，默认值为 None
print("(3):",d. get('天津','天津标识景区未记录')) # 自行设定默认值
```

运行结果如下。

```
(1): 长城
(2): None
(3): 天津标识景区未记录
```

“其实呀，获取字典中键、值以及键值对的方法是很多的。就拿‘访问’键来说，我们通过循环，进行字典的遍历，就能够轻松实现了。”

“上面的例子‘访问’到的都是字典的值，我们有没有方法可以访问字典的键呢？”

for 循环可以遍历字符串、列表、元组，同样也可以遍历字典。在遍历字典时，每次的循环变量其实就是字典的索引值，就是键。以下列代码为例。

```
d ={'杭州':'西湖', '北京':'长城', '西安':'兵马俑'}
for i in d:
    print(i)
```

代码的执行结果如下。

```
杭州
北京
西安
```

【问题 3-3】 用 for 循环遍历字典，可以获取键的信息，既然键与值是映射的关系，那么能否通过 for 循环遍历字典，获得键对应的值的信息呢？请仿照上面的代码，尝试自己动手编程实现吧！

3.3 键值对数据处理

字典除了支持创建和访问等基本操作，作为可变的映射数据类型，字典还拥有丰富的键值对数据的处理能力。

字典除了可以通过键作为索引访问值、通过遍历的方法访问键以外，还提供了三种视图对象，通过它们可以动态访问字典中的数据。这三种视图的获取方法如图 3-3 所示。

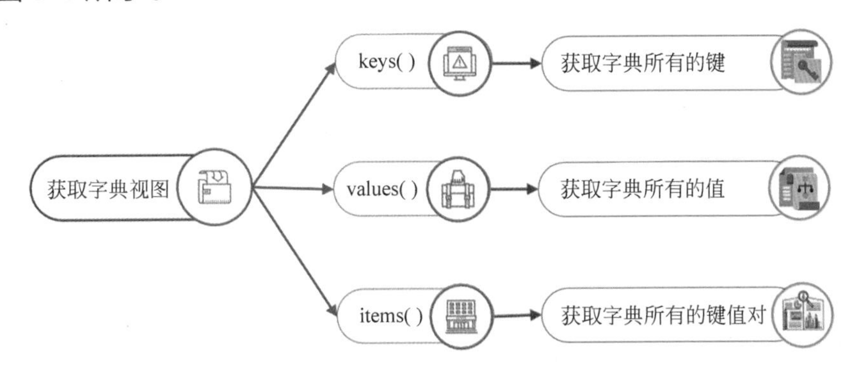

图 3-3 获取字典视图对象的三种方法

若字典名为 d，则 d. keys( )、d. values( )、d. items( ) 都是可以使用 for 循环遍历的可迭代的对象。下列代码用于测试输出上述三种视图对象的类型名。

```
d = {}                  # 创建空字典
print("d. keys 的类型名为 {}".format(type(d. keys())))
print("d. valus 的类型名为 {}".format(type(d. values())))
print("d. items 的类型名为 {}".format(type(d. items())))
```

在输出结果中可以清晰地呈现三种视图的类型名。

```
d. keys 的类型名为 <class 'dict_keys'>
d. valus 的类型名为 <class 'dict_values'>
d. items 的类型名为 <class 'dict_items'>
```

dbook = {' 书名 ':' 平凡的世界 ',' 作者 ':' 路遥 ',' 出版年 ':1990} 是一个定义好的字典，若有如下三个输出语句：

```
print(dbook.keys())
print(dbook.values())
print(dbook.items())
```

则得到如下输出结果。

```
dict_keys(['书名', '作者', '出版年'])
dict_values(['平凡的世界', '路遥', 1990])
dict_items([('书名', '平凡的世界'),('作者', '路遥'),('出版年',
1990)])
```

可见三种视图返回值均为列表，items( ) 方法返回的是列表，它的列表元素为键与值构成的元组。

字典作为可变数据类型，其键值对信息均可进行添加、修改、删除等操作。字典中的键值对添加及修改可以通过赋值的方式直接实现。

若有字典 cd ={'北京':'颐和园'},执行语句 cd['北京'] = '故宫' 后，字典中键 '北京' 对应的值将被改为 '故宫';执行语句 cd['天津'] = '盘山' 后，键值对 '天津':'盘山' 将被添加到字典 cd 中。

字典的删除类命令及方法如表 3-1 所示。

表 3-1　字典删除的命令及方法

方法 / 命令	说　明	示例 基于字典 d = {'语文':90,'数学':95}
del	删除字典或键值对的命令	(1) del d　# 直接删除整个字典 d (2) del d['语文'] # 删除 '语文':90 (3) del d['英语'] # 将引发 KeyError 错误
pop()	删除指定键值对，至少有 1 个参数	(1) d. pop('数学') # 返回值 95，并删除 '数学':95 键值对 (2) d. pop('英语','查找不到') #'英语' 不是字典中的键，返回 '查找不到'
popitem()	随机删除某个键值对的方法，无参数	d. popitem() 返回结果有可能为 ('数学', 95)。当字典为空时，再运行 popitem() 会引发 KeyError 错误
clear()	清空字典中所有键值对的方法，无参数	d. clear() 执行后 d 将成为一个空字典

【问题 3-4】 阅读下列代码，请写出运行结果。

```
d = {1:'a', 2:'b', 3:'c'}
del d[1]
d[1] = 'x'
del d[2]
print(d)
```

普遍运用于组合数据类型的 len( ) 函数、in 与 not in 等成员运算符，同样适用于字典数据类型。

len( ) 函数若以字典为参数，则返回字典的长度，即字典中键值对的数量。而成员运算仅适用于判断键是否在字典中，返回值为 True 或者 False。

上述操作是支持字典类型的主要命令及方法，Python 更多关于“字典”的奥秘，等着大家去探索！

“本单元完成了对字典的学习。字典是 Python 唯一的映射类型。字典的访问、遍历、修改、维护等都是围绕键值对展开的。键的唯一性决定了键不能够用可变类型数据来表达。

在课后，请同学们注意对比列表、元组、集合，深入理解字典的特性，为后续课程学习打牢基础。”

1. 下列选项中，不能生成空字典的是（　　）。
   A. { }　　B. dict( )　　C. {[ ]}　　D. dict([ ])
2. 运行下列代码，输出结果是（　　）。

```
dc = {'中国':'黄河', '埃及':'尼罗河'}
print(len(dc))
```

A. 2　　B. 3　　C. 4　　D. 5

3. 下列对字典的定义，错误的是（　　）。

A. dc = {' 姓名 ':' 张柔 ', ' 年龄 ':12}

B. dc = {(1,2):' 元组 ','abc':' 字符串 '}

C. dc = {{1,2}:' 集合 ',12:' 数字 '}

D. dc = {12.3:12,35.6:36}

4. 运行下列代码，输出结果是（　　）。

```
d_demo ={"任务":"嫦娥3号", "发射年份":2013, "目标":"巡月"}
print(d_demo.values())
```

A. dict_values([' 嫦娥 3 号 ', 2013, ' 巡月 '])

B. dict_values([' 任务 ', ' 发射年份 ', ' 目标 '])

C. dict_keys([' 嫦娥 3 号 ', 2013, ' 巡月 '])

D. dict_keys([' 任务 ', ' 发射年份 ', ' 目标 '])

5. 已知字典定义为 d_lw = {' 小桔灯 ':' 冰心 ', ' 故乡 ':' 鲁迅 ', ' 春蚕 ':' 茅盾 '}，下列语句能够正确执行的是（　　）。

A. print(d_lw.get( ))　　B. print(d_lw.pop( ))

C. print(d_lw.popitem( ))　　D. print(d_lw.del( ))

6. 已知字典 dic1 = {' 中国 ':' 北京 ', ' 法国 ':' 巴黎 ', ' 英国 ':' 伦敦 '}，执行下列语句，输出结果中不包括 ' 北京 ' 的是（　　）。

A. dic1.get(' 中国 ')　　B. dic1.keys( )

C. dic1.values( )　　D. dic1.items( )

7. 运行下列代码，输出结果是（　　）。

```
d_demo = {'语文':90, '数学':75, '历史':80}
print(80 in d_demo)
```

A. 1　　B. 0　　C. True　　D. False

8. 运行下列代码，输出结果是（　　）。

```
d_1 = {'a':2, 'b':4}
d_2 = d_1
```

```
d_1['a'] = 5
print(d_1['a']+d_2['a'])
```

A. 4　　B. 6　　C. 7　　D. 10

9. 以下关于字典的描述，错误的是（　　）。

A. 字典中元素以键信息为索引访问

B. 字典长度是可变的

C. 字典是键值对的集合

D. 字典中的键可以对应多个值信息

10. 运行下面代码，输出结果是（　　）。

```
d ={'匆匆':'诗歌', '母亲':'散文', '边城':'小说'}
print(d['母亲'], d. get('母亲', '随笔'))
```

A. 散文 随笔　　B. 散文 散文　　C. 随笔 随笔　　D. 散文 诗歌

11. 编程题

有字典定义为：dlog = {'user':'135aba','guest':'test001'}。

用户输入用户名和密码，当用户名与密码和字典中的键值对一致时，显示“登录成功”，否则显示“登录失败”，若登录失败，允许重复输入三次。

输入格式：

```
在两行中分别输入用户名和密码。
```

输出格式：

```
"登录成功"或"登录失败"
```

第 4 单元
数据的维度

“小帅，我看了电影《星际穿越》，好想有一天也能通过‘虫洞’穿越到一个新的世界里。”

“小萌，我听说‘虫洞’是爱因斯坦等伟大科学家提出的多维度空间的设想。科学家们在 2019 年已经观测得到了首张黑洞的照片，会不会在将来也可以看到‘虫洞’呢？”

在生活中，“维度”常用来描述空间。

没有方向的点，是零维的；只有长度没有体积的直线是一维的；只有长宽，没有高度的平面是二维的；人类可以感知的，具有长、宽、高的空间是三维的。阿尔伯特·爱因斯坦在他的《广义相对论》和《狭义相对论》中提及的“四维时空”概念，即在三维空间基础上再加上时间的维度。而数学、物理等学科中引进的多维空间概念，是在三维空间基础上所做的科学抽象和假设。

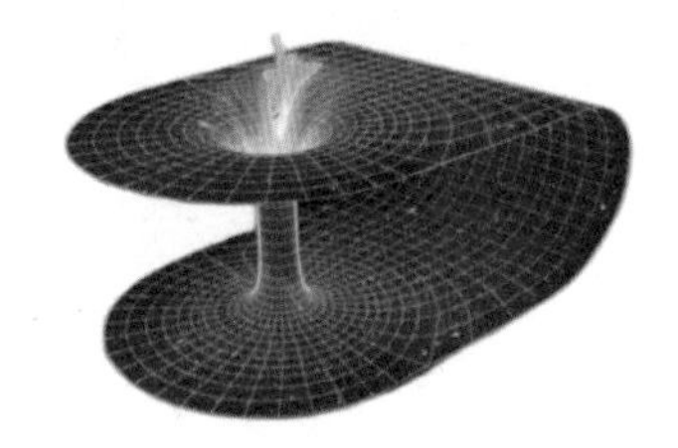

“哇！四维空间如果真实存在的话，那我就可以通过时间隧道‘穿越’到古代或者未来啦！”

“多维度空间目前还是科学界的推测，而在 Python 的数据组织方面，确实存在数据的维度，现在让我们一起揭开数据维度之谜吧。”

4.1　什么是数据的维度

现代计算机就是为了处理数据而诞生的，编程的主要目的就是处理数据。

数据是表示客观事物的符号。对计算机来说，数据就是能输入到计算机中，并能被计算机程序处理的符号。在计算机系统中，各种字母、数字、语言符号、语音、图像，都可以表达特定的信息，都可以蕴含特定的含义以及参与运算，所以都可以作为数据。

一个单一的整数、浮点数一般只用来表示单一的意义，例如，某位同学的考试分数、某地某一时刻的温度等，而列表、集合等序列就可以同时表达一组数据，如全班同学某次考试的成绩，某地一个星期以来的最高温度等，例如下列代码。

```
fin_score = 280            # 期末总成绩 280 分
scores = [90,92,98]        # 三门课程的成绩分别为 90, 92, 98 分
```

当数据以组的形式出现后，就有了组织形式上的区别，同样的一组数据，以一维的形式展开，形成一行；以二维的形式展开，形成一个矩阵，所表达的数据含义可能完全不同，如图 4-1 所示。

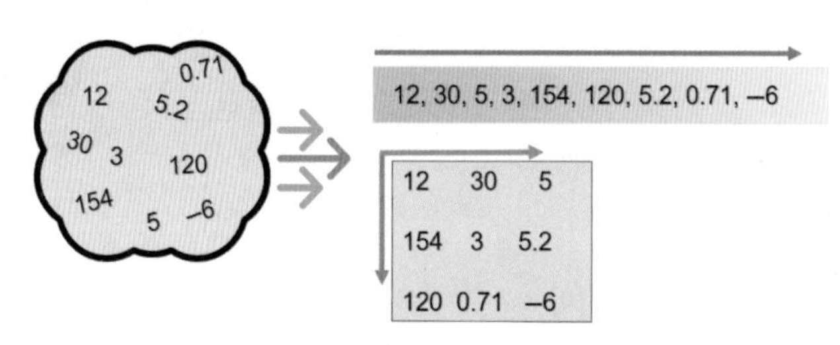

图 4-1　数据的不同维度

一组数据的组织形式，称为数据的维度。数据维度是在数据之间形成特定关系，是表达多种数据含义的一个很重要的基础概念。

数据的维度分为以下几种。

 1. 一维数据

一维数据是由关系平等的一组数据构成，这组数据采用线性方式组织，可以是有序的，也可以是无序的。

一维数据可以通过列表、元组、集合等进行表示，例如下列表示方式。

```
record1 = [120,120,98,130,100]       # 有序的列表，数据可以重复
kinds   = {'植物','动物','细菌'}       # 无序的集合，数据不重复
cgis    = (102.71,25.04,1810)        # 有序的元组，数据不可修改
```

可见，数据的维度只是数据组织形式的概念，与数据是否有序、是否重复、是否可修改是无关的。

2. 二维数据

二维数据是由多个一维数据构成，是一维数据的组合形式。一维数据是数据在一个方向上的线性组织，而二维数据则是在两个方向上的线性组织。表格和矩阵都是典型的二维数据。

通过图 4-2 可见，图像的色彩值构成的阵列，由行和列构成的表格，这些数据都是二维的，由行和列确定的位置，决定了数据特定的含义。

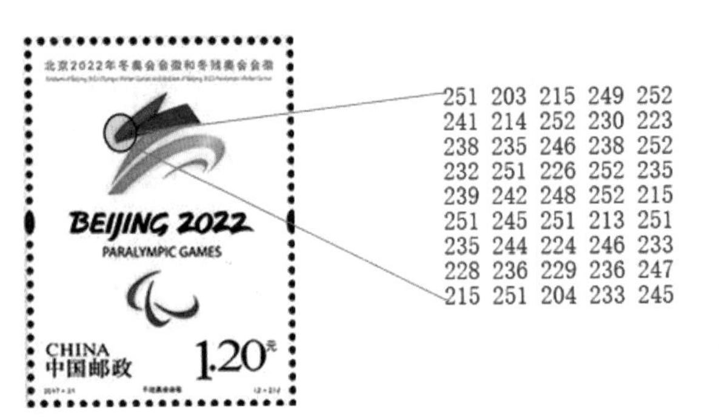

地区	2010（万人）	2020（万人）	增量（万人）
广东	10430.31	12601.25	2170.94
浙江	5442.69	6456.76	1014.07
江苏	7865.99	8474.80	608.81
山东	9579.31	10152.75	573.44
河南	9402.36	9936.55	534.20
福建	3689.42	4154.01	464.59
广西	4602.66	5012.68	410.02
新疆	2181.33	2585.23	403.90
贵州	3474.65	3856.21	381.57
四川	8041.82	8367.49	325.67
重庆	2884.62	3205.42	320.80
河北	7185.42	7461.02	275.60
北京	1961.24	2189.31	228.07
陕西	3732.74	3952.90	220.16
上海	2301.91	2487.09	185.17
安徽	5950.05	6102.72	152.67
海南	867.15	1008.12	140.97
云南	4596.62	4720.93	124.30

图 4-2　常见的二维数据形式

在 Python 中，通常采用二维列表，即列表元素仍为列表的结构来存储二维数据，例如下列的表示方法。

```
twodem = [[1,2,3],[4,5,6],[7,8,9]]   # 二维列表
```

3. 多维数据

多维数据是由一维或二维数据在新维度上扩展而成。例如，某个班级全体同学一次体检的信息可以用一张二维表表示，如果体检每半年一次，那么时间就像一条虚拟的数轴，沿着这条数轴，会产生多张这样结构的二维表，于是二维数据就沿着时间维度扩展成为多维数据了。同理，地点、环境、批次……多种数据的特征都可以虚拟成为一条数轴，使得数据沿着这个轴进行分布，如图 4-3 所示。

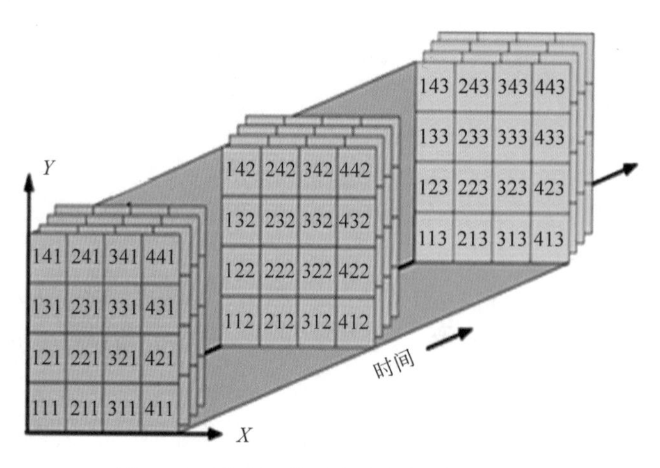

图 4-3　沿着时间轴分布的多维数据

4. 多维数据

如果将事物的特征用数据来描述，这样的特征可能非常多、非常复杂，例如一个人，有姓名、籍贯、年龄、肤色、身高、血型、性格、爱好等非常多的特征，如果用二维数据表示这些特征，那么会形成一个有非常多列的表格，未来检索和应用数据将变得非常麻烦。针对这样的复杂关系，在数据组织方面可以用基本的二元关系，即“特征 : 特征值”来表示，这便是多维数据。

图 4-4 展示了祝融号火星车的主要特征数据，这样的复杂数据关系就适合用键值对来表示，Python 中的字典类型就可以很好地表示这样的键值对。

国家	
名字	祝融号
发射日期	2020/07/23
重量	240kg
尺寸	2.6×3×1.85米
设计寿命	3个月
电源	太阳能
科学载荷	6
巡航速度	40 m/h
跨障能力	~30 cm
爬坡角度	~ 30°
着陆地点	北半球乌托邦平原
着陆方式	反推火箭+着陆腿缓冲
运载火箭	长征五号

图 4-4　“祝融号”火星车的数据特征

```
Marsrover={"国家":"中国","姓名":"祝融号","重量":240,"巡航速度
m/h":40}
```

“学习了数据维度，才知道数据的组织有这么多奥秘。这真是‘横看成岭侧成峰’啊！”

“小帅，你说得对。丰富多彩的数据可以帮助我们描述丰富多彩的世界。你留心观察生活，会发现我们生活的世界中，就蕴含着各种维度的数据。”

【问题 4-1】 以下对数据维度的描述，正确的是（　　）。

A. 一维数据只能用列表表示

B. 二维数据可以用表格的形式表示

C. 多维数据是由一维数据加二维数据组合而成

D. 多维数据最适合用集合类型表示

4.2　在生活中发现数据的维度

描述客观事物的所有核心信息的数据集合构成了信息化的世界。如何用恰当的方式存储、表示和操作数据，是信息处理中的主要活动。认识数据，以恰当的维度表达数据，才能为数据的操作和算法的设计奠定良好的基础。

1. 生活中的一维数据

数据本身是没有“维度”的区分的，所有的数据都可以“孤零零”地独立

存在，即所谓的“零维”数据。例如整数 98，可能代表一位老人的年龄，可能表示一位同学的考试成绩，可能呈现某物体的重量，也可能是壶中热水的温度……这样“杂乱无章”的零维数据显然难于理解、难于处理。所以一维以上的数据都有一个共同的特征——是一组数据。

既然数据成组出现，就意味着数据间存在一定的关系，其中最简单的就是对等的关系，数据之间不存在包含、隶属的关系。例如，我们在花园中记录花朵的颜色：红色、白色、粉色、黄色……这些颜色之间彼此是对等的，也不存在先后的顺序，值具有唯一性。只要一字排开，将它们存放在一列中就好。那么这样的结构适合于用一维来表示，因为无序，更适合用 Python 中的集合表示：

```
fcolors = {'red','white','pink','yellow'}
```

有些数据关系是平等的，但有序、允许重复。例如，小明同学一次考试后，语文、数学、体育、美术四门课程的成绩，值可能是重复的，但只有严格按照先后顺序线性展开才能与课程对应，这样的数据适合用列表来表示。

```
scores = [90,85,90,95]
```

【问题 4-2】 如果要表示一个班级 30 名同学，每名同学 4 门课程的成绩，可以通过一维数据的形式，按线性展开表示吗？

2. 生活中的二维数据

维度作为数据的特征，增加了维度有利于表达更加丰富的信息，以及实现更加有效的算法。相比一维数据的线性展开，二维数据有了“横向”和“纵向”两个线性展开方向，在进行组内数据分析对比时更加清晰。在生活中常用表格的形式记录数据，例如，一个班级的体育成绩，用如图 4-5 所示的表格记录。

表格作为二维数据的主要呈现形式之一，用来进行数据的对比分析非常直观。以图 4-5 呈现的体育成绩记录为例，在横向维度，即“行”的方向，可以

五（3）班　体育成绩记录表

学号	姓名	50米（秒）	立定跳远（米）	跳绳（次/分钟）	仰卧起坐（次/分钟）	坐位体前屈（厘米）
2130301	李欢	8.6	1.65	155	45	11
2130302	刘晓明	9	1.72	160	48	8.9
2130303	张磊	8.9	1.77	162	38	12.4
2130304	胡海波	9.5	1.59	145	46	6.7
2130305	赵子辰	10.1	1.60	170	36	7.9

图 4-5　体育成绩记录表

得到某位同学全面的体育成绩信息，综合分析其个人的运动指标；在纵向维度，即“列”的方向，可以看到某项运动的成绩对比。二维数据能够满足不同的数据分析需求，例如通过上述数据，选择参加校跳绳比赛的选手，找出班级体育综合成绩优秀的同学等。

3. 生活中的多维数据

如果将一份体育成绩记录表看作一页纸的话，那么若干页这样的表格装订起来就构成了一本“班级体育健康成长手册”了。这样的成长手册可以看作是对一张表格沿着时间先后顺序进行的扩展。于是二维数据就成为多维数据了。

“时间一去不复返，但是如果我们用数据将过去发生的事件记录下来，那么沿着‘过去’，走到今天，数据就构成了一条有趣的成长曲线了。在这样的曲线中，我们甚至还可以看到未来的发展趋势，甚至预测未来。”

我们个人的成长记录、一座城市经济的发展、一部机器在不同海拔地区的工作效率……许多数据都可以沿着时间、地点、环境、状态等不同的方向展开，构成由一维数据或者二维数据延展形成的多维数据。例如，如图 4-6 所示的中国汽车保有量的成长图。

4. 生活中的多维数据

多维数据不同于多维数据，多维数据可以理解为是一维或者二维数据的延

展，是若干组一维或者二维数据在新的维度上扩展得来的。多维数据则呈现了数据复杂的逻辑关系，即数据的多元化的特征。

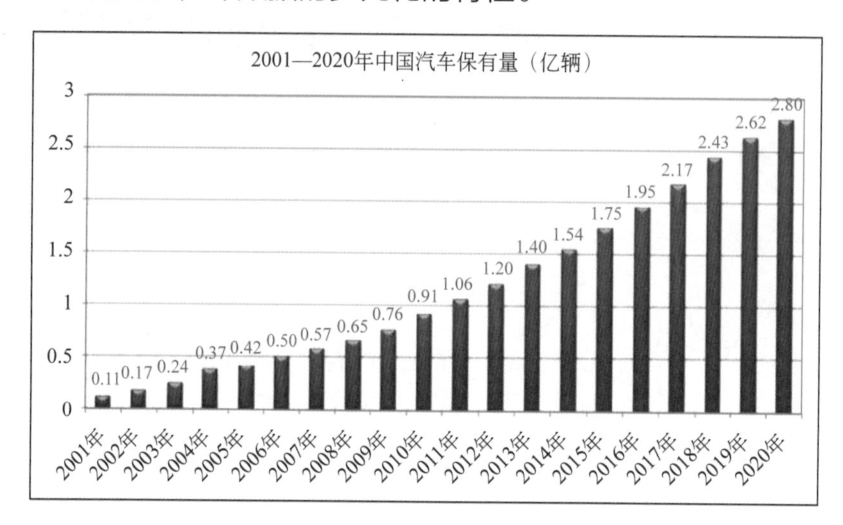

图 4-6　多维数据的成长曲线

在植物园中，可以看到介绍植物的标牌，其中记录着植物的中文名、拉丁文名、产地、分布、物候期等许多特征信息，参观者可以快速全面地了解该植物。在传统的图书馆中，为了让读者快速找到图书，往往提供含有图书多方面特征数据的图书目录卡，里面含有书名、作者、出版社、页数、内容简介等许多图书的关键信息，如图 4-7 所示。

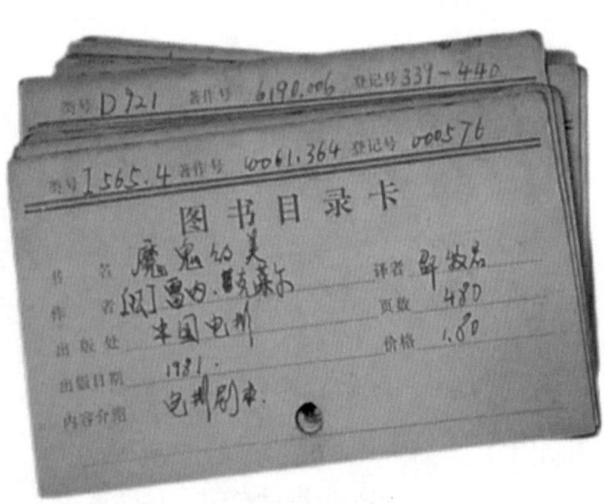

图 4-7　多维数据的例子

在信息系统里，事物可被辨识、检索、彼此区分的特征是非常繁多而复杂的，如果采用一维或者二维结构进行表示，将十分冗长且不好维护，而“键值对”的运用，恰可通过简单的二元关系来表示这些多元的特征。如果将每个特征作为一个维度，那么可以通过多个维度，“按图索骥”进行特定事物的定位、统计、分析等信息管理及计算。

“在本单元中，我们了解了数据所表达的含义及用途。掌握了数据维度的概念，并能够在生活的实际问题中辨识一维、二维、多维和多维数据的特征，区分它们之间的差异。

在后续的课程中，我们还将进一步学习各维度数据的定义、存储和读写等操作，获得用 Python 程序处理数据的能力。”

习　题

1. 数据的维度，是指(　　)。

   A. 数据的存储形式　　B. 数据的表示方式

   C. 数据的操作方式　　D. 数据的组织形式

2. 关于一维数据，以下叙述错误的是(　　)。

   A. 一维数据可以采用线性表示　　B. 一维数据可以用集合表示

   C. 一维数据可以用键值对表示　　D. 一维数据可以用序列表示

3. 以下数据类型，能够表示一维无序数据的是(　　)。

   A. 列表　　B. 集合　　C. 字典　　D. 元组

4. 下列代码表示的数据维度是(　　)。

```
d_demo ={ "巡游器":[
                    {"任务":"嫦娥 3 号",
                    "发射年份":2013,
                    "目标":"巡月"}]
        }
```

   A. 一维数据　　B. 二维数据　　C. 多维数据　　D. 多维数据

5. 关于二维数据，下列叙述错误的是(　　)。

   A. 二维数据适合用键值对表示

   B. 表格是一种典型的二维数据形式

   C. 矩阵是一种典型的二维数据形式

   D. 二维数据是一维数据的扩展

第 5 单元
一维数据处理

“小帅，老师给了我一个含有全班同学姓名的文件，让我将全班同学的姓名工整地打印出来。除了手工一个字一个字地录入以外，有什么好办法能够快速完成这项任务呢？”

“小萌，我们学习过一维数据，想让全班同学的名字工整地排列，我们可以读取文件，然后在一维的列表中用程序控制读写，轻松完成这项任务！”

5.1　一维数据的表示

Python 的组合数据类型可以很好地表示一维数据。如果一维数据存在顺序关系，那么用列表表示就是一种最为合理的选择。例如，列表中三个元素的值分别代表小明、小红、小丽的一分钟跳绳次数：skip = [120,135,112]。这时列表中的值与不同的同学一一对应，是有次序的。可以通过 for 循环遍历其中的数据，实现对每个数据的处理。

```
skip = [120, 135, 112]
print("小明、小红、小丽的跳绳成绩依次为（次/分）:")
for record in skip:
    print(record)
print("其中最高记录为{}次/分".format(max(skip)))  # 用max()统计
                                                # 最大值
```

无序的一维数据则适合用集合类型来表示，因为 Python 的集合类型可以自动去除重复数据，不支持索引、切片等与先后顺序相关的操作，这样的特点恰恰符合无序数据的特征。例如，两组同学分别记录了自己在动物园中参观过的动物名称，最后列举大家一共参观过哪些动物，统计参观过的动物种类数量。

运行结果如下。

```
group1 = {'非洲鸵鸟','亚洲象','美洲狮','长颈鹿','孔雀','金丝猴'}
group2 = {'大熊猫','孔雀','马来熊','亚洲象','长臂猿','金丝猴'}
group_t = group1 | group2        #集合的并运算
print("两组同学参观的动物有:")
for a in group_t:
    print(a,end="*")
print("\n两组同学共参观了{}种动物".format(len(group_t)))

两组同学参观的动物有:
大熊猫*亚洲象*非洲鸵鸟*美洲狮*马来熊*长臂猿*孔雀*长颈鹿*金丝猴*
两组同学共参观了9种动物
```

“除了列表和集合，其他数据类型能不能表示一维数据呢？”

“其实元组、字符串等用来表示一维数据也是可以的，但是元组不可修改，字符串中每个元素都是字符，这些局限在一维数据的计算中可能会造成编程的困难。”

【问题 5-1】 语文课将要学习唐诗——《咏柳》，这首诗中，同学们学习过的汉字有“柳、玉、成、一、树、万、下、绿、不、叶、出、二、月、春、风、刀”。请编写程序，为同学们列出这首唐诗中将要学习的生字有哪些。

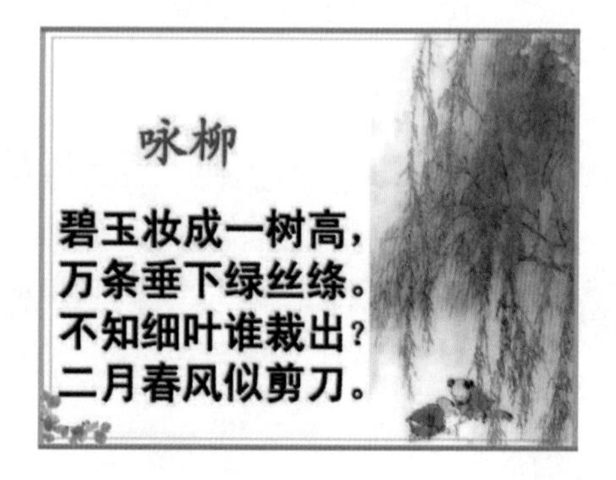

5.2 一维数据的存储

存储对于数据处理而言，是首先要做好的操作。一维数据是较为简单的数据组织形式，可以使用多种存储方式实现一维数据的存储。在硬盘、U 盘等存储设备中以文件形式存储一维数据，是常见的存储形式。

以文件作为读取数据的“源头”，或者写入数据的“目的地”，可以使数据保存在硬盘、U 盘等存储设备中，即便程序运行完毕，甚至关闭计算机，数据都不会丢失，这也称为“永久存储”。

数据的存储是为下一步读取、写入及操作数据做准备的，所以在存储中不但要考虑将内容正确地存储下来，还要考虑数据间的合理间隔与区分。通常采用下面几种方式存储一维数据。

1. 以空格作为分隔符的存储方式

数据的存储格式形如：

```
李白 杜甫 白居易 孟浩然 李商隐
```

以空格作为分隔符是一种简单的一维数据存储方式，可以使用一个或多个空格分隔数据，进行存储，数据不必换行。但是如果采用这样的方式存储数据，则要求数据本身不能存在空格，否则将出现数据与分隔符相同，造成数据解析出错的情况。使用其他符号作为分隔符也是类似的，不允许数据内容中含有和分隔符相同的内容。

2. 以逗号作为分隔符的存储方式

通常习惯使用半角逗号“,”作为分隔符，进行一维数据的存储，数据无须换行。半角逗号“,”在程序中常用作表达式或者参数之间的分隔符，在存储中其作用也是相同的。例如：

```
李白,杜甫,白居易,孟浩然,李商隐
```

3. 以其他特殊符号作为分隔符的存储方式

实际上，只要在程序中设置妥当，任何可见的符号、文字都可以作为一维数据的分隔符，例如，“%”“#”等，但是这些符号可能在数据中具有其他含义，容易造成内容和分隔符的冲突，且通用性不强，一般不建议使用。

5.3 一维数据的读写

作为线性展开的一维数据，有时这条“线”可能非常长，即拥有众多的数据。若编程时，数据都是手工录入的，那么编程效率将非常低。对于一维数据，可以采用“读”的方式，从文件中读出，也可以将一维数据写入指定的文件，这样就便于处理蕴含大量数据项的一维数据了。

“读”和“写”是数据处理中最基本的两种操作，其实在数据读、写过程中，还可以进行数据的统计、分析、计算等操作。

一维数据的读写处理就是实现一维数据从存储它的文件中向列表、集合等表示方式转换的过程。

1. 一维数据的读取

如果一维数据以文件的形式存在，则可以通过程序将这些数据读出，并将其转换为列表、集合等数据类型，以便于进行数据的分析和计算。

一维数据的读取可以通过文件内置的读取方法加以实现，如果读取方法返回的是字符串，例如 file.read( )，则在后续处理中要用字符串相应的方法来实现对数据的分析及处理，最后转换为列表或集合等类型。

例如，有如图 5-1 所示的文本文件。

读取上述文件中的文本，并以列表和集合的方式处理为一维数据的代码如下。

图 5-1　读取的文本信息

```
f = open('C:/PythonDemo/五岳.txt','r',encoding='UTF-8')
tstr = f.read()
tlst = tstr.split('、')  #以'、'为分隔符，将字串tstr拆分为列表
tset = set(tstr.split('、'))  #将拆分的列表转换为集合
print('列表形式：',tlst)
print('集合形式：',tset)
f.close()
```

运行结果如下。

```
列表形式：['东岳泰山', '西岳华山', '南岳衡山', '北岳恒山', '中岳嵩山']
集合形式：{'北岳恒山', '中岳嵩山', '西岳华山', '南岳衡山', '东岳泰山'}
```

注意，在打开文件时，如果打开方式为文本方式，则 encoding 参数的编码格式需要与文本文件保存的编码格式一致，否则可能导致文件读取错误。如果文件以二进制形式打开，则不支持 encoding 参数。字符串的 split( ) 方法可以指定字符串的分隔符号，将字符串信息转换为列表。字串的分隔符可以是空格、'#'、'%' 等任意符号。

从程序运行结果可见，集合形式打乱了文件中数据的原有顺序，呈现了一维数据的无序的特点。

【问题 5-2】 如果文本中的数据有多行，将每一行信息都读取并处理成一个列表或者集合，应该如何编程实现？

提示：充分利用文件读取方法及组合数据类型的运算方法。

2. 一维数据的写入

数据的写入操作与读取操作相对应，通过写入可以将一维数据“永久”存储在文件之中。将一维数据写入文件时，可以使用空格以及其他符号作为分隔符分隔数据，以便重新从文件中读取数据时进行识别数据。

在写入数据时，要充分利用字符串、列表、集合等数据类型或序列的内置方法，以灵活处理数据。例如，str.join(iterable) 就是一种在写入一维数据时常用的字符串内置方法，该方法可以将 str 作为分隔符，将组合类型 iterable 中的每个元素进行连接，形成一个字符串，最后将生成的字符串写入文件。例如下列代码：

```
ls = ['长江', '黄河', '黑龙江','雅鲁藏布江']
f = open('C:/PythonDemo/河流.txt', 'w')
f.write(' '.join(ls)) # 以空格作为数据的分隔符
f.close()
```

得到的结果如图 5-2 所示。

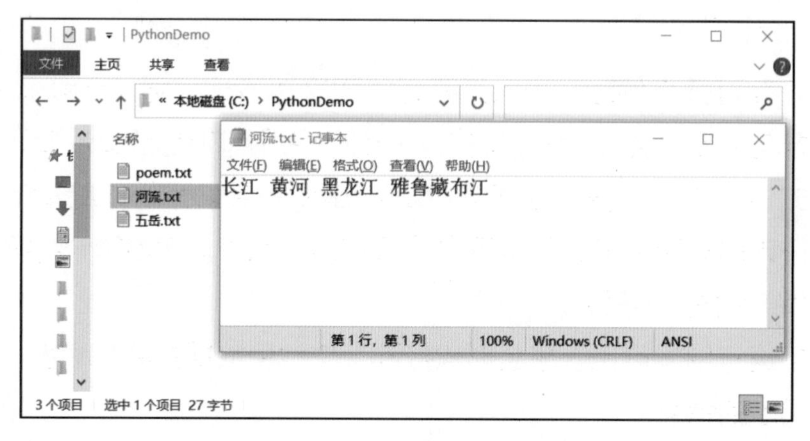

图 5-2 写入后生成的文件

如果要写入的数据来源于有分隔符的字符串，则可以通过字符串内置方法 str.split('character')，以 character 为分隔符，将字符串转换为列表，再参考上述代码写入文件中。例如：

```
>>> str_book ='论语#左传#孟子#春秋#礼记'
>>> list_book = str_book.split('#')
>>> list_book
['论语', '左传', '孟子', '春秋', '礼记']
```

“老师，我想把由数字构成的列表用 write( ) 方法写入到文件中，例如 [1,2,3]，为什么程序会出错呢？”

“这是因为 file.write( ) 方法仅支持将字符串写入文件，所以在将数字等信息写入前，要先转换为字符串类型。请看下面的例子，并尝试自己编程实践一下吧。”

```
ns = [1,2,3,4,5]
f = open("test1.txt","w")
str_ns = str(ns)[1:-1]
# 将列表用 str() 方法转为字符串，并通过切片去掉两边的"["与"]"
f.write(str_ns)
f.close()
```

【问题 5-3】 小明同学要将彩虹的七种颜色英文词汇写入文件 rainbow.txt 中，并以星号“*”作为分隔符，请在下列代码的画线处填写适当的代码，实现上述功能。

```
colors = 'red,orange,yellow,green,blue,indigo,purple'
colors_list = colors.___(1)___(',')
f = open('rainbow.txt','w')
f.write('*'.___(2)___(colors_list))
f.close()
```

“本单元我们不仅学习了一维数据的表示，而且学习了一维数据的存储及读写等操作。列表和集合是表示一维数据常用的结构，对一维数据的操作往往在列表、集合与文件之间展开，用好文件、列表、集合以及字符串的方法，是在编程中灵活处理一维数据的关键所在。

同学们一定要在学习中做到‘温故而知新’哦。”

1. 用集合记录水彩盘里的颜色，sc = {'red','green','blue'}，集合 sc 的维度是（　　）。

A. 一维数据　　B. 二维数据　　C. 多维数据　　D. 多维数据

2. 下列选项中，不属于一维数据的是（　　）。

A. [4,5,9,0]

B. "AB98C"

C. ['Monkey',12,34,['Animal',9]]

D. {'h',12,34.5,'美丽'}

3. 已知列表 demo_list = [5,1,"talk",'9'],则 demo_list 的维度是(　　)。

A. 一维数据　　B. 二维数据　　C. 多维数据　　D. 多维数据

4. 下列关于一维数据的存储格式的描述，错误的是（　　）。

A. 一维数据可以采用空格分隔方式存储

B. 一维数据可以采用分号“;”分隔方式存储

C. 一维数据不能用特殊符号“@”分隔方式存储

D. 一维数据可以用星号“*”分隔方式存储

5. 下列关于一维数据的描述，正确的是（　　）。

A. 只能用 CSV 文件来存储一维数据

B. 一维数据就是列表或集合

C.“%”是运算符，不能用于分隔一维数据

D. 一维数据都是线性的

6. 关于无序的一维数据，下列描述错误的是（　　）。

A. 无序的一维数据可以用列表类型来表达

B. 无序的一维数据可以用集合类型来表达

C. 无序的一维数据可以用元组类型来表达

D. 无序的一维数据无法用 Python 语言有效表达

7. 若 ls=['1','2','3','4','5']，则表达式“#”.join(ls) 的功能是（　　）。

A. 将列表中所有的元素连接成一个字符串，元素之间用 '#' 作为分隔符

B. 在列表 ls 的每一个元素后面加一个 '#' 号

C. 将 '#' 作为后缀，加到列表 ls 的后面

D. 在列表 ls 的每个元素后面加一个 '#' 号

8. 运行下列代码，输出结果是（　　）。

```
print(" love ".join(["Everyday","Yourself","Python",]))
```

A. Everyday love Yourself

B. Everyday love Python

C. love Yourself love Python

D. Everyday love Yourself love Python

9. 编程实现以下功能。

已知有班级同学名单和某次活动出席同学名单，统计该次活动缺席同学名单，姓名之间用逗号“，”隔开，并保存入名为“abs.txt”的文件中。

例如，有如图 5-3 所示数据（仅为举例，编程时可以自行拟定）

班级名单	小红	晓敏	小刚	小萌	小帅	小兵	大雷	大壮
出席名单	小萌	小兵	大壮	晓敏				

图 5-3　出席活动名单

则创建的 abs.txt 中，缺席名单应该为“小红，小刚，小帅，大雷”，名字次序不做要求。

第 6 单元
二维数据处理

“小帅，在记事本中，我们写入一行数据，是一维的，写入多行数据就是二维的，对吗？一维数据和二维数据仅仅是一行和多行的区别吗？”

“小萌，一维数据和二维数据在记事本中确实体现了一行和多行的区别，但是一维数据和二维数据之间可不仅是这一点的不同！在 Python 编程实践中，我们会发现更多的二维数据的奥秘呢。”

6.1 二维数据的表示

二维数据是由关联数据构成，通常采用表格的方式组织，也被称为表格数据，与数学上的矩阵相对应。二维数据从组织形式上可以看作是由多条一维数据构成的，但二维数组通常不仅是一维数据简单的组合，其每行数据的结构往往是相同的。

如图 6-1（a）所示的高速公路入口的 7 条车道，分别对应着不同的通行类型，抽象成表格，则可以得到如图 6-1（b）所示表格形式。

(a)

ETC通道	ETC通道	ETC通道	ETC通道	人工通道	货车通道	绿色通道

(b)

图 6-1　高速公路入口车道及抽象的表格

可以想象，不同类型的车辆分别排列在适合本车型的车道（列）内，就从逻辑上构成了一个二维数据表。除了各个列具有不同的含义之外，常见的二维数据还可以赋予行以不同的含义，如表 6-1 所示。

表 6-1　城市基本信息表（2020 年数据）

城　市	人口（万）	面积（平方千米）	市　花	平均海拔（米）
北京	2189.31	16410.54	月季	43.5
上海	2487.09	6340.5	白玉兰	2.19
杭州	1193.60	16850	桂花	41.7
拉萨	86.79	31662	格桑花	3650

在 Python 中，一般用二维列表来表示二维数据。二维列表是指它本身是一个列表，而列表中每一个元素又是一个列表。其中每一个元素代表二维数据的一行或者一列，若干行及若干列组合起来就成了二维列表。例如：

```
td_list = [[1,2,3,4],[0,3,5,4],[-1,2,9,6]]
```

用二维列表表示的二维数据，可以通过双重循环来遍历其中的每一个元素，第一重循环遍历二维列表的每一个元素（相当于表格的行），每个元素本身又是一个列表，再用二重循环遍历其中的每一个元素（相当于一行中的各个列）。例如：

```
td_list = [[1,2,3,4], [0,3,5,4],[-1,2,9,6]]
for row in td_list:                    # 在行上的遍历
    for col in row:                    # 在列上的遍历
        print(col,end=' ')
    print()                            # 每一行的换行
```

运行结果如下。

```
1 2 3 4
0 3 5 4
-1 2 9 6
```

如果要在二维列表中找到某一具体的元素，可以通过双重索引，形如 td_list[i][j] 的方式进行准确的定位，当然也可以利用切片的形式获取其部分元素，处理方式非常灵活。例如，想获得上述二维列表中的前两行数据，代码如下。

```
td_list = [[1,2,3,4], [0,3,5,4],[-1,2,9,6]]
for row in td_list[0:2]:                    # 对列表进行行范围的切片
    for col in row:
        print(col,end=' ')
```

```
        print()
```

表 6-1 中的数据，若需通过二维列表存储，表头的信息也可以包含在二维列表中。

【问题 6-1】 二维列表 td = [[1,5,2],[6,0,3],[4,9,–5]]，以下表达式能够获取元素 –5 的是（　　）。

A. td[1][1]　　B. td[1]

C. td[–1][–1]　　D. td[0][–1]

6.2　二维数据的存储

二维数据在存储时，可以先按行再按列存储，也可以先按列再按行存储。具体取决于使用习惯或者特定的应用需要。通常习惯先按行再按列进行存储。

二维数据的存储，可以类似于一维数据，存储在文本文件中，也可以存储在对表格数据支持更好的其他文件中。本单元着重介绍一种新的文件格式——CSV 文件。

CSV 是一种国际通用的，以纯文本形式存储表格数据的文件格式。CSV 是 Comma-Separated Value 的缩写，即“逗号分隔值”的意思。这种文件格式常用于程序之间传输表格数据，应用十分广泛。

CSV 文件被广泛用于存储表格数据，其主要原因是该文件格式可以被多种操作系统中的多种应用软件支持，可以很方便地在手机等移动设备上观看。很多编程语言都支持对 CSV 文件的读写，Python 语言还提供了标准库来处理 CSV 文件，可以说，CSV 文件被 Python 程序全面支持。

如图 6-2 所示，支持 CSV 文件的操作系统和应用软件非常丰富。

以 WPS Office 为例，在新建表格后，输入表格数据，然后选择“另存为”命令，即可选择另存为 CSV 文件格式，如图 6-3 所示。

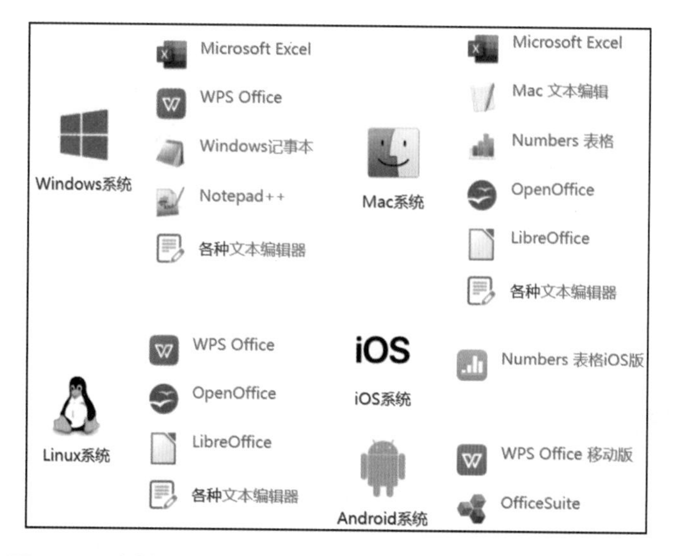

图 6-2　支持 CSV 格式文件的操作系统和应用软件概况

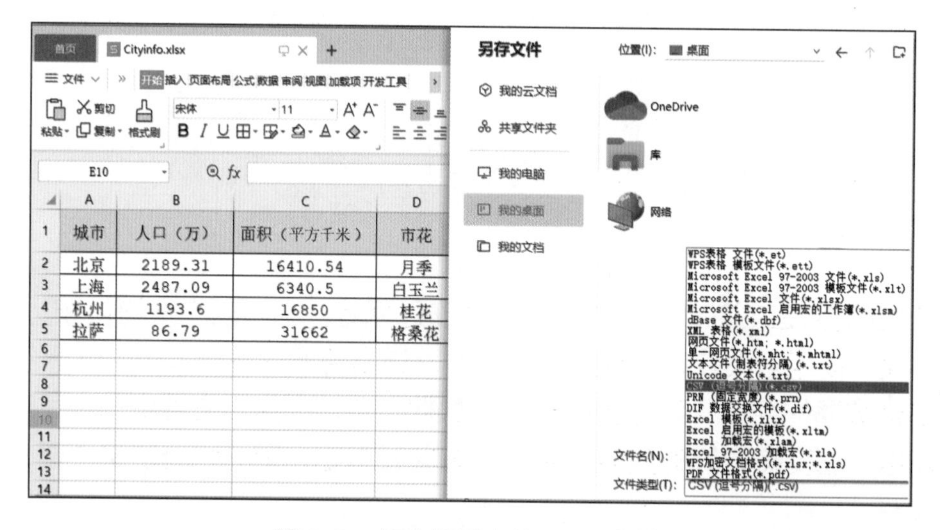

图 6-3　将表格另存为 CSV 文件

“老师，既然 WPS Office 中可以直接存放表格数据，为什么还要另存为 CSV 文件呢？”

“小萌，那是因为 WPS Office 的表格还包括字体、颜色等内容，而 CSV 文件是纯文本的，不含有任何数据内容以外的其他信息。这样更有利于数据的程序处理和在不同系统之间的转换。”

存储为 CSV 格式以后，可以用记事本等简单的文本编辑工具打开，见到的信息如图 6-4 所示。

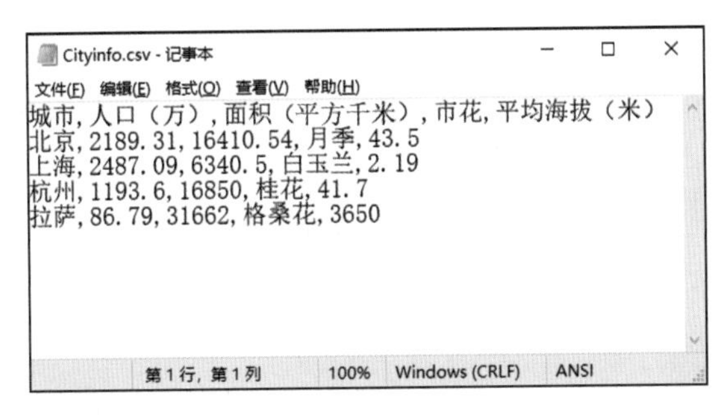

图 6-4　CSV 文件用记事本查看内容

通过图 6-4 可见，CSV 文件内，数据与数据间用半角逗号（，）分隔，数据呈现了二维特征。并且 CSV 文件由于不带有其他格式信息，所以生成的文件相比表格文件而言，所需的存储空间也极大地压缩了。以上面的数据为例，其表格文件和 CSV 文件大小差异非常明显，如图 6-5 所示。

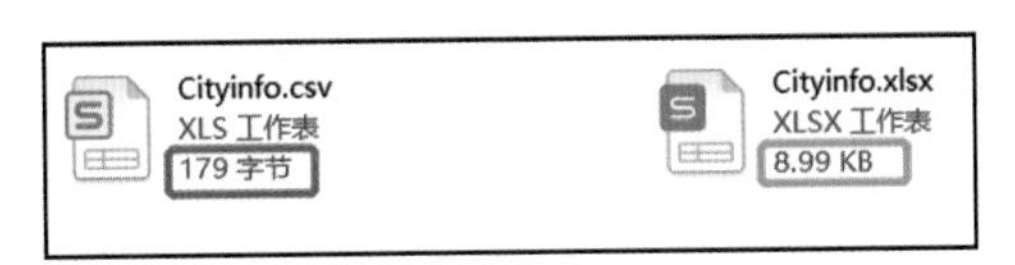

图 6-5　存储同样数据的 CSV 文件和表格文件大小差异

CSV 格式文件的特征总结如下。

（1）纯文本文件，使用某一种字符集编码，如 ANSI、UTF-8 等。

（2）文件开头无空行，行之间也没有空行。

（3）在行内，默认用半角逗号（，）分隔数据，列数据为空也要保留逗号。

（4）对于表格数据，可以选择是否包含表头，如果包含，表头放在首行。

（5）一行表示一维数据，多行表示二维数据。

（6）文件中数据均为字符串，不能为数字类型等其他类型。

【问题 6-2】 以下关于 CSV 文件的描述，错误的是（　　）。

A. CSV 文件可以整体被看作二维数据

B. CSV 文件是一种通用的文本格式，应用于程序之间转移表格数据

C. 一个 CSV 文件，可以采用多种编码表示字符

D. CSV 文件的每一行数据均可以使用 Python 的列表类型表示

6.3 CSV 格式二维数据的读写

1. 以普通文本文件形式读取 CSV 文件数据

二维数据以 CSV 文件格式存储后，可以通过常规的文件处理方式对其进行读取和写入。例如，将如图 6-4 所示的 Cityinfo.csv 文件中的数据读取出来，并去掉分隔的逗号，输出在屏幕上。代码如下。

```
f = open('Cityinfo.csv','r')
ts = []
for line in f:                            # 循环遍历，逐行读取
    line =line.replace("\n","")  # 通过查找替换的方式去掉行末的换行符
    ts = line.split(',')                 # 以 "," 为分隔符，将行字串处理成列表
    rowstr = ""
    for s in ts:
        rowstr += "{:>10}".format(s)  # 格式化处理列表中元素转换的
                                             # 字串
    print(rowstr)
f.close()
```

输出结果如图 6-6 所示。

```
城市      人口（万）   面积（平方千米）        市花     平均海拔（米）
北京     2189.31  16410.54         月季        43.5
上海     2487.09    6340.5        白玉兰        2.19
杭州      1193.6     16850          桂花        41.7
拉萨       86.79     31662         格桑花        3650
```

图 6-6 输出 CSV 文件的信息

2. 以普通文本文件形式写入 CSV 文件数据

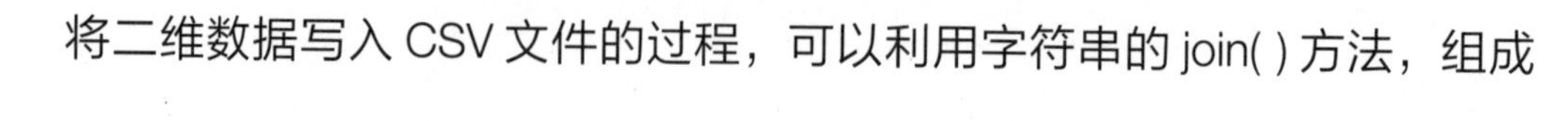

将二维数据写入 CSV 文件的过程，可以利用字符串的 join( ) 方法，组成

以逗号分隔形式的字符串，通过文件的 write( ) 方法，将字串写入文件。例如，将一维数组存放的新的城市基本信息追加进入 Cityinfo.csv 文件，代码如下。

```
f = open('c:/Cityinfo.csv','a')
ns = ['昆明','695','21012.54','山茶花','1891']
f.write(",".join(ns)+"\n")
f.close()
```

程序执行完毕，Cityinfo.csv 文件中的内容如图 6-7 所示。

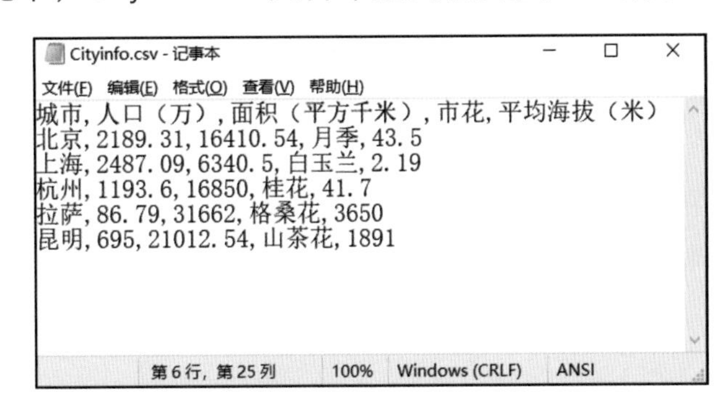

图 6-7　程序执行后 CSV 文件内容

【问题 6-3】 上例实现了将一个列表中的数据追加进入 CSV 文件，如果是多个城市的基础数据，应该用什么办法写入或者追加进入 CSV 文件呢?

3. 通过 csv 标准库读取 CSV 文件

Python 语言提供了 csv 标准库，它可以使程序以一种更容易被电子表格处理的格式来读入或输出数据，而不必纠结于 CSV 文件的一些烦琐的细节。通过 csv 标准库，还可以更自由地定制特定用途的 CSV 格式文件。

csv 标准库提供的文件读取函数，概要情况如表 6-2 所示。

表 6-2　csv 标准库文件读取函数概况

函　　数	函 数 说 明
`csv.reader(f)`	`f` 为打开的 CSV 文件，`csv.reader(f)` 将按照列表的方式读取文件内容

续表

函　数	函 数 说 明
csv.DicReader(f)	f 为打开的 CSV 文件，csv.DicReader(f) 将按照字典的方式读取文件内容

以 Cityinfo.CSV 文件为例，用 csv.read( ) 函数访问，代码如下。

```
import csv
f = open('c:/Cityinfo.csv','r')
reader = csv.reader(f)          # 用 csv.reader() 创建 reader 对象
for row in reader:              # 循环遍历 reader
    print(row)
f.close()
```

程序运行得到的结果如下。

```
['城市', '人口(万)', '面积(平方千米)', '市花', '平均海拔(米)']
['北京', '2189.31', '16410.54', '月季', '43.5']
['上海', '2487.09', '6340.5', '白玉兰', '2.19']
['杭州', '1193.6', '16850', '桂花', '41.7']
['拉萨', '86.79', '31662', '格桑花', '3650']
['昆明', '695', '21012.54', '山茶花', '1891']
```

通过结果可见，reader 中的每一个元素都是以列表的形式存在的。既然是列表，那么就可以进行许多与列表相关的运算。例如，可以选取列表的特定两列进行输出，以查看各城市的市花，代码如下。

```
import csv
f = open('c:/Cityinfo.csv','r')
reader = csv.reader(f)          # 用 csv.reader() 创建 reader 对象
for row in reader:              # 循环遍历 reader
    print(row[0],row[3])        # 选取列表特定的两列输出
f.close()
```

此时输出结果如下。

```
城市 市花
北京 月季
```

```
上海 白玉兰
杭州 桂花
拉萨 格桑花
昆明 山茶花
```

在二维数据中，表头往往带有数据属性的信息，表头和数据结合，就可以用键值对来表示，例如“姓名 : 张红”。csv 标准库的 DictReader( ) 函数就可以将读取的 CSV 文件信息以字典的形式保存到创建的可遍历的对象中，可以根据表头的信息读取并输出 CSV 文件中的数据。例如：

```
import csv
f = open('c:/Cityinfo.csv','r')
reader = csv.DictReader(f)          # 用 csv.DictReader() 创建对象
for row in reader:                  # 循环遍历 reader
    print(row['城市'],row['人口(万)'])   # 选取列表特定的两列输出
f.close()
```

运行结果如下。

```
北京 2189.31
上海 2487.09
杭州 1193.6
拉萨 86.79
昆明 695
```

“用 csv 标准库内置函数来读取 CSV 文件，就不用考虑逗号、换行符等细节了，真是太方便了！”

“小帅，其实 csv 标准库内置的函数、属性不限于读、写 CSV 文件，还有其他许多功能可以轻松实现。希望你能举一反三，解锁更多的 csv 标准库新功能。”

在读取数据时，DictReader( ) 函数默认取第一行数据作为“表头”信息，

即键的信息，并根据键而得到对应的数据（值）。

DictReader( ) 函数还可以根据要求，以字典的形式输出二维数据信息，其示例代码如下。

```
import csv
f = open('c:/Cityinfo.csv','r')
reader = csv.DictReader(f)  # 用 csv.DictReader() 创建对象
for row in reader:          # 循环遍历 reader
    newdict = {'城市名':row['城市'],'海拔':row['平均海拔(米)']}
    print(newdict)
f.close()
```

在输出时，可以自定义“键”的名称。但是在通过键访问值的表达式中，键为默认的值，与二维数据首行信息中相对应的键的信息必须完全一致。

上述代码执行结果如下。

```
{'城市名': '北京', '海拔': '43.5'}
{'城市名': '上海', '海拔': '2.19'}
{'城市名': '杭州', '海拔': '41.7'}
{'城市名': '拉萨', '海拔': '3650'}
{'城市名': '昆明', '海拔': '1891'}
```

4. 通过 csv 标准库写入 CSV 文件

csv 标准库提供了直观、易用的 CSV 格式文件写入函数及方法，其概要说明如表 6-3 所示。

表 6-3　csv 标准库文件写入函数及方法概况

函数 / 方法	说　明
csv.writer(f)	构造用于写入 csv 文件的对象。f 为进行写入的 csv 文件，信息以列表的形式直接写入 csv 文件
writerow(line)	单行写入数据方法，line 为单行数据列表
writerows(lines)	多行写入数据方法，lines 为需要写入的数据

通过 csv 标准库的函数向 CSV 文件中写入数据的过程非常简捷，首先需要创建具有写权限的文件，之后通过列表直接写入即可，写入过程不需要考虑

分隔符、换行等细节。

例如下列代码，实现了将科技发明信息以二维列表的形式写入了CSV文件。

```
import csv
f = open('c:/invention.csv','w',newline='')   # 创建文件，赋予写入
                                              # 权限
t_list = [
    ['发明名称','发明年份','发明人','国别'],
    ['纸张' ,105,'蔡伦','中国'],
    ['显微镜',1590,'扬森','荷兰'],
    ['电子计算机',1946,'冯.诺依曼','美国'],
    ['电视机',1929,'贝尔德','英国']
]
f1 = csv.writer(f)        # 用 csv.writer() 创建 CSV 文件对象
f1.writerows(t_list)      # 多行写入，写入内容为列表
f.close()
```

写入成功后，所得到的 CSV 文件，用记事本和电子表格软件打开后的结果，如图 6-8 所示。

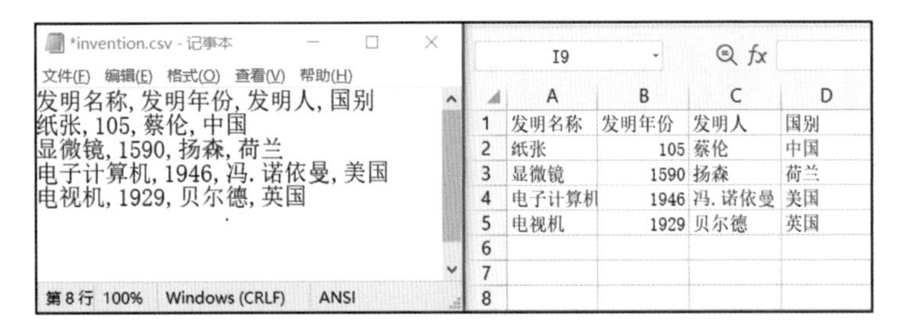

	A	B	C	D
1	发明名称	发明年份	发明人	国别
2	纸张	105	蔡伦	中国
3	显微镜	1590	扬森	荷兰
4	电子计算机	1946	冯. 诺依曼	美国
5	电视机	1929	贝尔德	英国
6				
7				
8				

图 6-8　执行结果的 CSV 文件打开样式对比

“老师，在 open( ) 函数中，newline='' 这个参数的作用是什么？”

“小萌，在向 CSV 文件中写入数据时，因为数据在行末有多余的换行标识（Windows 系统），会导致行与行之间产生空行，加参数 newline='' 就可以解决这个问题啦。”

【问题 6-4】 既然 CSV 标准库支持单行写入 writerow( ) 和多行写入 writerows( ) 两种方法，那是否可以将一个二维表的表头和数据内容分别写入 CSV 文件呢？请你亲自动手编程试一试吧！

5. 以字典的形式向 CSV 文件写入数据

字典作为简明的键值对二元关系数据类型，也是进行二维数据表示时常用的一种方式。csv 标准库也支持数据以字典的形式写入 CSV 文件。具体的函数及方法概况如表 6-4 所示。

表 6-4　以字典形式写入 CSV 的函数及方法概况

函数 / 方法	说　明
`csv.DictWriter(f,h)`	构造用于写入 `csv` 文件的对象。`f` 为进行写入的 `csv` 文件，`h` 代表表头数据，为列表形式
`writeheader()`	单行写入数据方法，无参数
`writerows(lists)`	多行写入数据方法，`lists` 为需要写入的数据，格式为字典列表，即列表的元素为字典

例如，用字典的形式记录故事，形如{'篇名':'静夜思','诗人':'李白','朝代':'唐'}，在二维表中，字典的键适合于作为标题行，而字典的值作为表格中的数据。表 6-4 中的方法 writeheader( ) 和 writerows(lists) 是依赖于函数 csv.DictWriter(f, h) 的。因为函数 csv.DictWriter(f, h) 需要表头列表 h 作为参数，所以在程序中需要将表头数据，及字典中的键，以列表的形式整理出来。

下列程序实现了将一组以字典形式记录的古诗信息写入 CSV 文件中。

```
import csv
dic_list = [{'篇名':'静夜思','诗人':'李白','朝代':'唐'},
    {'篇名':'题西林壁','诗人':'苏轼','朝代':'宋'},
    {'篇名':'石灰吟','诗人':'于谦','朝代':'明'},
    {'篇名':'春晓','诗人':'孟浩然','朝代':'唐'}]
headline = ['朝代','篇名','诗人']
f = open('c:/poet.csv','w',newline='') # 创建写入文件对象 f
```

```
fcsv = csv.DictWriter(f,headline)      # 创建 csv 写入对象 fcsv
fcsv.writeheader()                     # 写入表头
fcsv.writerows(dic_list)               # 写入数据内容
f.close()
```

因为字典的无序性，所以最终写入数据列的顺序是由表头信息列表决定的，通过如图 6-9 所示结果可以看到，在生成的 CSV 文件中，列的顺序是由 headline 列表决定的。

	A	B	C	D	E	F
1	朝代	篇名	诗人			
2	唐	静夜思	李白			
3	宋	题西林壁	苏轼			
4	明	石灰吟	于谦			
5	唐	春晓	孟浩然			
6						

图 6-9　输出数据的列顺序

“本单元我们学习了二维数据的表示、存储及读写操作的实现。二维数据类似于表格，在存储方面有 CSV 文件等专门的格式进行运用，同时 Python 提供 csv 标准库，用于二维数据的 CSV 格式文件的读取和写入，效率和便捷程度都有所提高。

“本单元提供的二维数据读写方法较为丰富，希望同学们多多编程实践，熟能生巧，成为数据处理的小能手。”

1. 表格类型数据的组织维度是（　　）。
   A. 一维数据　　B. 二维数据　　C. 多维数据　　D. 多维数据

2. 关于 CSV 文件存储问题，下列叙述错误的是（　　）。
   A. CSV 的每一行表示一个一维数据
   B. CSV 文件每一行内以逗号作为数据元素的分隔符
   C. CSV 文件不能包含二维表的表头信息
   D. 除了 CSV 文件，其他形式的文件也可以存储二维数据
3. 以下方法能够用于从 CSV 文件中解析一维或二维数据的是（　　）。
   A. split()　　B. join()　　C. strip()　　D. count()
4. 以下方法能够用于向 CSV 文件中写入一维或二维数据的是（　　）。
   A. split()　　B. join()　　C. strip()　　D. count()
5. 运行下列代码后，文件 t.csv 中的内容为（　　）。

```
f = open("t.csv",'w')
s =[[25,87],[87,88],[-5,100]]
d = []
for item in s:
    for fac in item:
        d. append(str(fac))
f.write(",".join(d))
f.close()
```

   A. 25,87,87,88,–5,100　　B. 25,87 87,88 –5,100
   C. [[25,87],[87,88],[–5,100]]　　D. [25,87,87,88,–5,100]

6. 若将如图 6-10 所示的信息写入 CSV 文件，那么代码（1）处需要填写的是（　　）。

1	姓名	年龄	身高
2	张月	10	153
3	刘若希	15	170
4			

图 6-10　数据信息

```
import csv
hl =['姓名','年龄','身高']
ct =[['张月',10,153],['刘若希',15,170]]
f = open('demo.csv','w',newline='')
fcsv = csv. (1)
```

```
fcsv.writerow(hl)
fcsv.wrtterows(ct)
f.close()
```

A. read(f)　　B. reader(f)　　C. write(f)　　D. writer(f)

7. 在程序中导入 csv 模块后，以字典方式读取文件 fcsv 数据的函数是（　　）。

A. csv.dictreader(fcsv)　　B. csv.Dictreader(fcsv)

C. csv.DictReader(fcsv)　　D. csv.dictReader(fcsv)

8. 若有如下代码，将表头信息写入 CSV 文件，所需的语句是（　　）。

```
import csv
info = {'姓名':'王红','年龄':'12'}
f = open('demo.csv','w',newline='')
fn = {'姓名','年龄'}
writer = csv.DictWriter(f,fn)
```

A. writer.writeheader( )　　B. writer.writeheader(fn)

C. writer.writerow( )　　D. writer.writerow(fn)

9. 编程实现以下功能。

已知有文件 score.csv，其文件内容如图 6-11 所示。

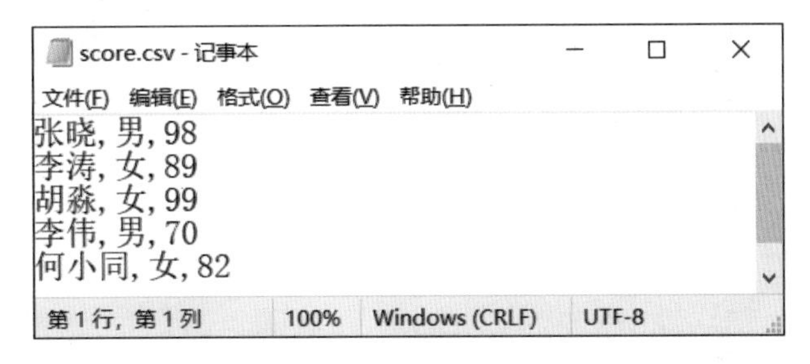

图 6-11　文件内容

编程读取该文件，并输出女同学的平均分数。要求使用 csv 标准库。

输出的分数要求保留小数点后两位，以上述文件数据为例，输出为：

女生平均分为 90.00 分。

第 7 单元
多维数据处理

“小帅，宣传小组为班级设计了一个网站，可漂亮啦！可是我们没有找到一个好的办法，将班级荣誉信息取出来，灵活地放进各个页面。你有好办法吗？”

“小萌，网页获取和展示数据的方法很多。听老师说，JSON 格式文件非常适于在网页间共享和交换数据，我现在也不太懂 JSON 文件，让我们一起学习这种功能强大又有趣的 JSON 吧！”

一维数据通常表现为数列，二维数据通常表现为表格，而多维数据不太容易通过简单的几何关系来表述。事实上，多维数据最成功的和最典型的应用是体现在今天无处不在的万维网（WWW）世界的。活跃在互联网上的 Web 体系，简单的理解就是构成网络信息世界的不可胜数的网页信息，其构成是非常庞杂无序的，打开网页背后的代码，可以看到密密麻麻的标签结构，而数据就蕴含在这复杂的结构之中！

在网页间共享数据信息、网络间频繁进行信息交换的过程中，多维数据发挥了重要的作用。人们试图用一种通用的、独立于开发语言、开发环境的文件格式来存储和共享各种类型的数据，使其能够恰如其分地嵌入网页合适的位置，恰如夜空嵌入熠熠生辉的星辰。JSON 等适合表达多维数据的文件格式逐渐被人们应用、认可，并且发挥着日益重要的作用。而 Python 语言，作为网络时代的主流语言，也为多维数据处理提供了内置库及若干种便捷的方法。

7.1　多维数据与 JSON 格式

在大数据时代，伴随信息采集技术的增强和信息运用程度的加深，越来越多的拥有众多属性的数据被获取、分析和应用。电子商务交易数据、医疗健康数据、航天航空采集数据、生物特征数据等，往往都拥有几十种甚至数百种特征。数据维数的膨胀，使得分析和处理多维数据的复杂度和成本呈指数级增长。

如何表示、存储和处理分析多维数据，一直是技术热点问题。

降低数据维度是多维数据分析处理的主要思路，而多维数据的主要特征之一是键值对。键值对作为最基本的二元关系，可以灵活地表示复杂的多维数据。

“哇，用最简单的结构描述最复杂的数据，这不就是‘大道至简’嘛！”

“老师，我觉得 JSON 中的键值对数据对象就是 Python 中的字典，对吗？”

“小萌，JSON 中的键值对数据对象和 Python 中的字典的确很相似，但是两者还是存在区别的。两者的不同之处，我总结成下面几点，请你牢记哦。”

键值对在 Python 语言中，体现为字典数据类型。而多维数据的表示和存储，是不限于某种计算机语言的，一种通用而简单的格式才有利于在各种复杂的系统及应用中进行信息的共享和交换，JSON 就是一种典型的通用多维数据存储格式。

JSON 全称为 JavaScript Object Notation，来源于著名的网络脚本语言 JavaScript，本质上是一种用字符串表达数据对象的文本。JSON 从 2001 年开始推广使用，至 2005 年正式成为主流的数据格式。目前许多站点都在使用 JSON 共享数据，JSON 成为互联网上最受欢迎的数据交换格式之一。

以“学校信息”为例，其 JSON 文件格式如下。

```
{"学校信息":[
                    { "校名":"中华小学",
                      "地址":"中华路1号",
                      "建校年":1932},
                    { "校名":"红旗小学",
                      "地址":"红旗街52号",
                      "建校年":1954},
                    { "校名":"实验小学",
```

```
                    " 地址 ":" 科技路 90 号 ",
                    " 建校年 ":1970}
]}
```

观察上述格式可以看出，首先在总体上它是一个键值对，存储了三个学校的信息。三个学校之间是并列的关系，彼此用逗号（，）隔开，外面采用方括号（[ ]）形成序列（也称为数组）。每个学校的信息构成一个对象，用大括号（{ }）组织，在大括号内存放对象的多个属性，每个属性都是一个键值对。

JSON 格式文件的规则有以下四项。

（1）并列的数据之间用逗号（，）分隔。

（2）数据保存在键值对中，键（Key）与值（Value）用冒号 (:) 分隔。

（3）键值对数据组成的对象用大括号 ({ }) 表示。

（4）并列数据的序列 (数组) 用方括号 ([ ]) 表示。

JSON 格式与字典在键值对的运用上十分类似，但是它们之间从性质和语法规则角度存在以下三点区别。

（1）JSON 是一种独立于语言的文件格式，而字典在 Python 中是一种数据类型。在 Python 中，JSON 文件表示的信息被保存为字符串数据类型。

（2）JSON 格式的键（Key）只允许是字串，而字典的键可以是任意的不可变数据类型。

（3）JSON 格式的值（Value）只允许是字串、数字、true、false、null、列表等有限类型，而字典的值则没有类型限制。例如，元组可以作为字典的值，但是不能作为 JSON 中的值。

（3）JSON 中的字符串通常使用双引号（""），而字典中的字符串使用单引号、双引号均可。虽然有些系统也接受 JSON 中的字符串用单引号，但是兼容性较差，例如，在 Python 的 json 标准库内进行解析时，用单引号的字符串将引起解析错误。

【问题 7-1】 以下关于 JSON 数据的表示正确吗？如果不正确，错在哪里？

A. [{" 坐标 ":(12,34)," 高度 ":12},
　{" 坐标 ":(1,5)," 高度 ":7}]

B. {"j2":[{" 姓名 ":" 李天宇 "," 年龄 ":12}]}

C. {" 省份 ":[{1:" 广东 "," 省会 ":" 广州 "}]}

JSON 格式的数据既可以直接写入程序代码之中，也能够以独立文件的形式存在，文件的扩展名通常为 .json。在互联网中，非常容易找到用于数据共享及数据传输的 JSON 文件。

例如，在图 7-1 中，通过火狐（Firefox）浏览器打开某网站，按 F12 键打开开发工具，查看“网络”选项卡，然后按照类型排序，就可以看到该页面中的 JSON 文件。

状态	方法	域名	文件	发起者	类型	传输	大小
200	GET	s.go.sohu.com	/adgtr/?callback=jQuery112404270195225874231 5_164377739007	lib-61587d9fb8.js:3 (script)	json	289 字节	77 字节
200	GET	s.go.sohu.com	/adgtr/?callback=jQuery1124042701952258742315_164377739007	lib-61587d9fb8.js:3 (script)	json	2.59 KB	2.39 KB
200	GET	s.go.sohu.com	/adgtr/?callback=jQuery1124042701952258742315_164377739007	lib-61587d9fb8.js:3 (script)	json	2.59 KB	2.38 KB
200	GET	s.go.sohu.com	/adgtr/?callback=jQuery1124042701952258742315_164377739008	lib-61587d9fb8.js:3 (script)	json	3.06 KB	2.85 KB
200	GET	s.go.sohu.com	/adgtr/?callback=jQuery1124042701952258742315_164377739008	lib-61587d9fb8.js:3 (script)	json	3.04 KB	2.83 KB

图 7-1　在浏览器中查看网站的 JSON 文件

选中某一条 JSON 文件记录，在其文件地址上方单击右键，选择“新建标签页打开”命令，该 JSON 文件信息就会在浏览器中展开，如图 7-2 所示。

图 7-2　通过浏览器查看到的 JSON 数据

当然，这样查看到的纯文本形式的 JSON 数据信息很不容易看懂，为了直观呈现 JSON 数据的结构，有很多免费软件、浏览器插件、在线查看 JSON 的工具，都能帮助我们很好地解析 JSON 数据。以在线 JSON 查看工具应用为例，

通过浏览器打开“在线 JSON 查看器”站点，将 JSON 文件信息复制到指定位置，就可以同时按照嵌套层次直观观察信息的结构了，如图 7-3 所示。

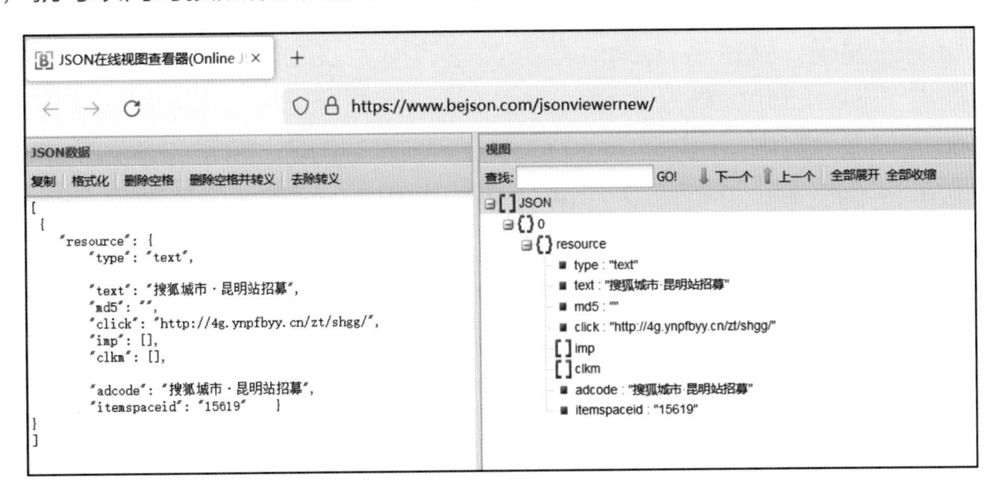

图 7-3　在线查看 JSON 文件

7.2　JSON 格式的数据处理

Python 语言提供了处理 JSON 格式数据的标准库——json 库。该库提供了用于操作 JSON 数据及用于解析 JSON 数据的两类函数，借助这些函数，就可以在 JSON 格式数据和 Python 数据类型之间实现畅通无阻的相互转换，并且可以方便地读取 JSON 格式数据中的键值对数据信息了。

json 库提供的主要函数概况如表 7-1 所示。

表 7-1　json 库的主要函数

函　　数	函 数 说 明
`json.dumps(obj,sort_keys=False,indent=None)`	将 Python 的数据类型转换为 JSON 格式。编码
`json.loads(string)`	将 JSON 格式数据（字串）转换为 Python 数据类型。解码
`json.dump(obj,ft,sort_keys=False,indent=None)`	与 `json.dumps()` 功能一致，输出数据到文件中
`json.load(ft)`	与 `json.loads()` 功能一致，从文件中读取数据

1. JSON 数据的编码操作

所谓的编码，就是将 Python 数据类型转换为 JSON 格式的过程。json 标准库提供了 json.dumps( ) 及 json.dump( ) 函数完成 JSON 数据的编码操作。在 json.dumps( ) 函数中，obj 表示待转换的列表或者字典。如果传递的是字典数据，则可将 sort_keys 的值设为 True，这样就可以按照字典中的键值（key 值）进行排序。

下列代码实现了 JSON 格式数据的综合编码操作。

```
import json
#Python 列表、字典类型转换为 JSON 对象
dlist =["云南",650000,"昆明"]
ddict = {'省份':'山西','省会':'太原','面积':156700}
json_s1 = json.dumps(dlist,ensure_ascii=False)
json_s2 = json.dumps(ddict,ensure_ascii=False)
json_s3 = json.dumps(ddict,indent=3,ensure_ascii=False)
                                                    # 带有缩进量
print ("JSON 对象 1：", json_s1)
print ("JSON 对象 2：", json_s2)
print ("JSON 对象 3：", json_s3)
print(type(json_s1),type(json_s2),type(json_s3))
                                                # 查看编码后对象类型
f=open("c:/PythonDemo/Jdata. json","w")
json_s3 = json.dump(ddict,f,ensure_ascii=False)   # 写入文件
f.close()
```

上述代码中，dumps( ) 函数添加了参数“ensure_ascii=False”，目的是输出中文字符，若不加此参数，dumps( ) 函数默认用 Unicode 编码处理非西文符号，将无法以中文形式进行汉字编码。

上述代码的执行结果如图 7-4 所示。

通过程序运行结果可以看出，列表和字典都可以被编码为 JSON 格式数据。虽然列表转换为 JSON 数据后外观仍为“列表”，字典仍为“字典”，但是从 type( ) 函数测定的结果可见，转换为 JSON 格式后，其类型都为字符串（str）类型，再次证实了 JSON 格式数据本质是字符串。

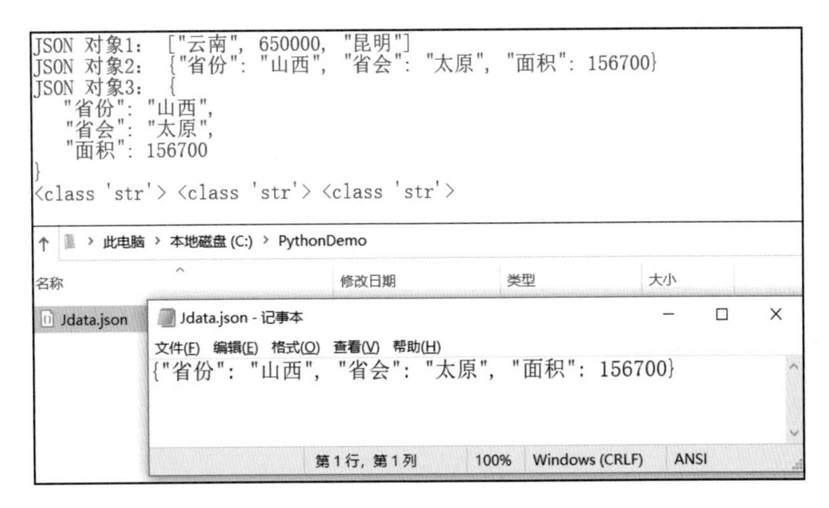

图 7-4　JSON 编码操作结果

图 7-4 中下半部分呈现了编码后将数据写入 .json 文件的情况，.json 文件可以用记事本等文本查看工具进行查看。

“老师，json 标准库的函数可以将列表编码为 JSON 格式数据，是不是说明 JSON 也可以表示一维数据呢？”

“小帅，你真聪明！是的，在 Python 中，能够表示多维数据的格式，都可以表示二维、一维等低维度的数据。”

2. JSON 数据的解码操作

解码就是从 JSON 格式数据中提取信息保存到 Python 类型或者文件中的过程。json.loads( ) 和 json.load( ) 函数分别用于实现这两种解码的过程。

json.loads( ) 函数需要的参数 string，是符合 JSON 格式要求的字符串，若调用成功，则返回字典类型的数据。而 json.load( ) 函数的参数 ft，代表已经打开的 JSON 文件。

解码操作的示例代码如下。

```
import json
```

```
ft = open("c:/PythonDemo/Jdata. json","r")
json_dict = json.load(ft)   # 解码 JSON 文件
print(json_dict,"\n",type(json_dict))
ft.close()
```

程序的运行结果如下。

```
{'省份': '山西', '省会': '太原', '面积': 156700}
 <class 'dict'>
```

【问题 7-2】 下列代码运行的结果是什么？为什么会得到这样的结果？

```
import json
data = [{"省份":"安徽","名山":"黄山"},
{"省份":"吉林","名山":"长白山"},
{"省份":"河南","名山":"嵩山"}]
sj = json.dumps(data)
oj = json.loads(sj)
print(list(oj[1].values()))
```

7.3 JSON 格式数据的应用

JSON 作为一种小巧的、轻量级的数据交换格式，因其跨平台、与语言无关的特性，在多维数据表示及存储、网页间数据传递等方面有着广阔的应用。Python 语言通过自身的字典数据类型及 json 标准库，可以很好地完成自身数据类型和 JSON 格式的相互转换及操作。除了编程语言，一些基于文档存储的 NoSQL 非关系型数据库也选择 JSON 作为其数据存储格式，如 MongoDB。这

为 JSON 格式数据的应用提供了良好的技术桥梁。

图 7-5 展示了一个典型的，基于 Python 语言进行网站开发的技术架构，从图中可见，JSON 格式构成了沟通后台数据库、前端页面及开发环境的统一格式，使得数据可以畅通无阻地流淌在整个 Web 环境之中。

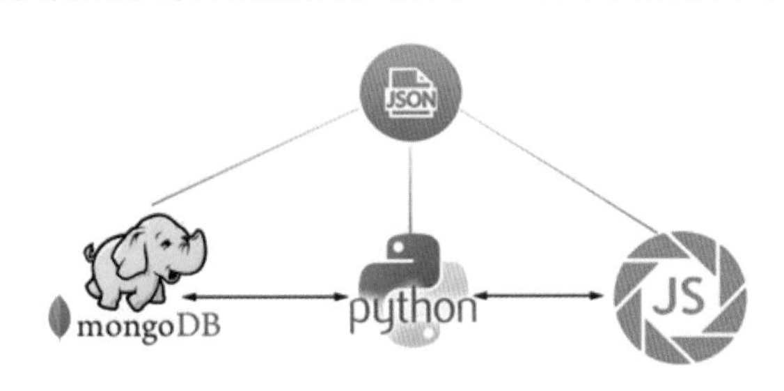

图 7-5　JSON 在网站开发中的应用

以 JSON 文件作为数据源，可以获取及呈现 JSON 数据。例如，创建一个 JSON 文件——award. json，记录全班同学本学期的获奖情况。文件内容为：

```
[{"姓名": "李晓明", "奖项": "校跳绳比赛", "等级": "冠军"},
 {"姓名": "张星", "奖项": "市书法比赛", "等级": "银奖"},
 {"姓名": "王薇", "奖项": "区歌咏比赛", "等级": "一等奖"}
]
```

编写一段程序，完成获奖名单的输出，代码如下。

```
import json
td = {}                                    # 获奖记录保存在字典 td 中
f = open('award. json', 'r')   # 从 JSON 文件中读取获奖记录
td = json.load(f)
while True:
   print("|--- 欢迎使用班级光荣簿 ---|")
   print("|---1: 显示获奖记录     ---|")
   print("|---0: 退出 -------------|")
   choice = input('请选择功能菜单 (0-1):')
   if choice == '1':
      if(len(td)==0):
          print("无人获奖")
      else:
         print("{:<10}{:<10}{:<10}".format("姓名","奖项","等级"))
```

```
        for dic in td:
            lt = list(dic. values()) # 将字典的值 (Value) 转换成列表
            print("{:<10}{:<10}{:<10}".format(lt[0],lt[1],lt[2]))
    elif choice == '0': # 退出循环
        f.close()
        break
```

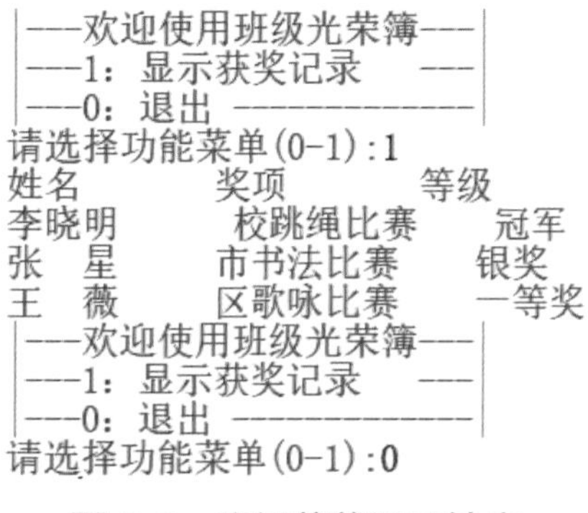

图 7-6　班级获奖记录输出

代码执行情况如图 7-6 所示。

可见，沿着这样的思路，可以扩充上面的程序，构成一个小型的，具有增加、删除、修改、查询功能的信息系统。

运用同样的 JSON 数据文件，也在网页中利用 JavaScript 读取其中的数据，并在网页中呈现数据。由于网页设计的相关知识不在本单元讲解范围之内，在此不做讲解，留给今后深入学习时探索吧！

“在本单元的学习中，我们深入学习了 JSON 格式在多维数据表示及存储之中的运用。辨析了字典与 JSON 的区别与联系。

“通过本单元的学习，我们进一步加强了利用 Python 进行数据处理的能力，了解了多维数据在网络世界广泛应用的现状。为未来深入运用数据打下了良好的基础。”

1. 以下关于数据维度的描述，错误的是（　　）。
   A. 采用列表表示一维数据，不同的元素可以有不同的数据类型
   B. JSON 格式可以表示比二维数据还复杂的多维数据
   C. 二维数据可以看作一维数据的组合形式

D. 字典不可以表示二维以上的多维数据

2. 关于多维数据的描述，错误的是（　　）。
   A. 多维数据只能表达键值对数据
   B. “键值对”是多维数据的特征
   C. 多维数据用来表达索引和数据的关系
   D. 多维数据可以表达一个二维数据

3. JSON 格式数据的键值对中，值的类型可以为（　　）。
   A. 元组类型　B. 复数类型　C. 字符串类型　D. 集合类型

4. JSON 格式的数据对象外所使用的符号是（　　）。
   A. { }　B. [ ]　C. ,　D. ( )

5. 在 json 标准库中，用于 JSON 数据编码，并将结果写入文件的函数是（　　）。
   A. json.dumps( )　B. json.dump( )　C. json.loads( )　D. json.load( )

6. 运行下列代码，输出结果为（　　）。

```
import json
person = '{"name":"Joe", "age":12}'
dic = json.loads(person)
print(type(dic))
```

   A. <class 'str'>　B. <class 'dict'>
   C. <class 'list'>　D. <class 'tuple'>

7. 运行下列程序，输出结果为（　　）。

```
import json
pro = [{"cookie":"蛋挞","drink":"橙汁"},
       {"cookie":"芝士","drink":"可乐"},
       {"cookie":"松饼","drink":"咖啡"},
       {"cookie":"曲奇","drink":"红茶"}
       ]
sj = json.dumps(pro)
od = json.loads(sj)
for i in od[2].values():
    print(i,end=" ")
```

A. 蛋挞 橙汁　　B. 芝士 可乐　　C. 松饼 咖啡　　D. 曲奇 红茶

8. 编程实现如下功能。

某电信部门记录了一次通信记录，具体信息为：

```
user:TOM
Time: 8:00
msg: you are excellent!
```

为了实现网络传输，需要将上述信息以 JSON 文件的形式进行存储，文件名为 wchart.json。需使用 json 标准库完成编程。

第8单元
文本处理

“小帅，帮帮忙，我遇到搜索问题啦。我发现，我想搜的是它又不是它，我真正想搜的是长得像它。”

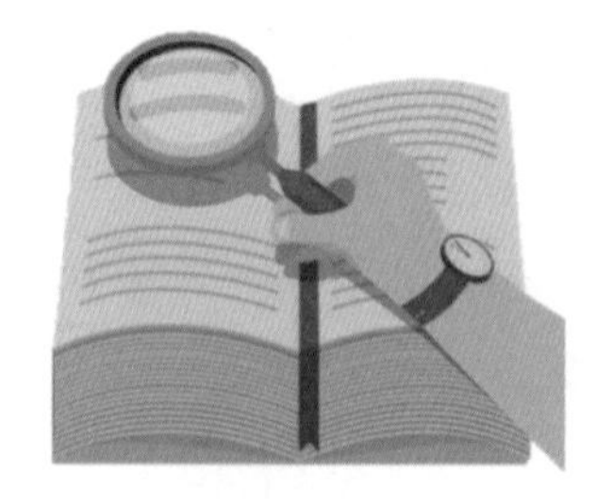

“来来来，让我来。21 世纪的智慧全靠搜。对了，你说的像是像什么样子呢？让我来给你搜。”

在人类的文明纪元中，文本构成了信息的海洋。文本处理意义非常广泛，对文本信息进行一定的处理都可以称为文本处理。小萌觉得最迷人的，还是在文本中搜索到想要找到的内容，就像漫步在海边捡到了爱不释手的贝壳。

Python 编程中处理文本并不困难，str 类已经提供了许多的操作，这其中就有查找功能的方法，不是吗？小萌产生了困惑，也许是因为她想找到的不是一个确定的文本，而是要寻找有着某种“长相”的文本。也许她搜索了“萌小萌”，还搜索了“帅小帅”，她也许还想搜索看看还有谁和他们一样叫“某小某”，她觉得这个名字起得好，就像“^_^”一样可爱。别担心，小萌想要的，小帅需要的，其实都在 Python 里啦。

8.1 模式匹配与正则表达式

1. 从文本查找到模式匹配

“我会使用 find( ) 来搜索文字，但有时却会遇到令我困惑的搜索。例如，我想搜索‘某小某’，但却得不到我想要的结果。因为计算机不理解这个神奇的‘某’字真正的含义。”

先看看小萌是怎么查找“you”的。

If you do not learn to think when you are young, you may never learn. Learn young, learn fair.

```
>>> s = "If you do not learn to think when you are young, you
        may never learn. Learn young, learn fair."
>>> pos = 0
>>> while (pos := s.find('you', pos+1)) != -1:
      print(pos)
```

3
34
42
49
76

右边这一组数字就是小萌的程序找到的精准位置。但是，等等，这真的是搜索“you”的结果吗？如果来个切片“s[76:]”,它的结果“young, learn fair.”。想要找单词“you”的话，这个查找结果可就不合理了。

说起找单词，问题又来了。如果要找单词“learn”,“Learn”算不算找到的单词？反正小帅说他觉得算。正当你准备挑战自己写出一个更复杂的程序时，老师来了，他要和你说一说“模式匹配”。

在一个字符串中查找有一定特征的子串是一个模式匹配问题，恰当的工具是正则表达式！正则表达式是用来表达搜索模式的一串字符。正则表达式描述的模式，通俗地说是一些不同字符串共有的特点。检查一个给定的字符串是否存在特定模式的子串，或者这个字符串的整体是否满足符合一定的模式的处理过程，称为字符串模式匹配。实现了模式匹配的处理功能的程序代码和组件，可以称为模式匹配引擎。

例如，考虑到英文有大写句首字母的表达规范，如果想要在文本中搜索 learn，实际要搜索的应该是 learn 或 Learn。搜索的这一组字符串具有以小写或大写 L 开始，后面跟“earn”的特征。

2. 模式匹配是什么样的

老师在黑板上写出一串内容，并且说它是一个正则表达式：

```
[lL]earn
```

并且还让小帅编程使用这个正则表达式，真的找到了许多的“learn”。

```
>>> import re
>>> s = 'If you do not learn to think when you are young, you
        may never learn. Learn young, learn fair.'
>>> re.search('[lL]earn', s)
<re.Match object; span=(14, 19), match='learn'>
>>> re.findall('[lL]earn', s)
['learn', 'learn', 'Learn', 'learn']
```

“看起来一切奥秘都在那个神奇的正则表达式中。模式匹配引擎果然厉害，根本没有用巧妙的算法代码，直接就显示了在哪里查出了 learn，而且大小写形式都能查得出来。”

“Python 的 re 库就是正则表达式的神奇库啦！”

程序在导入 re 模块后，使用 re 模块的 search( ) 函数，在 s 所指代的字符串中按照正则表达式 [lL]earn 所描述的模式，成功地在字符串的索引位置 14~19 的范围内，与这一部分的子串“learn”得到匹配。findall( ) 函数能返回所有匹配这个模式的子串。

3. 正则表达式语法

正则表达式有一定的语法规范，其中常用且重要的主要有以下几条规则。

规则一 普通字符匹配一个本身字符，元字符适用于其他规则。

规则二 使用元字符匹配字符组。

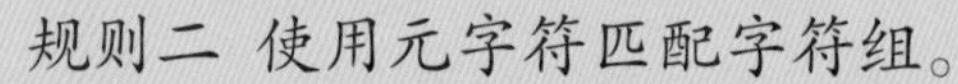

规则三 用“|”做子表达式的或运算以及用括号形成分组。

规则四 限定重复匹配次数的量词。

规则五 匹配位置的限定。

规则一　普通字符匹配一个本身字符，元字符适用于其他规则

正则表达式“[lL]earn”中的字符“e”是一个普通字符，只能匹配一个字符“e”。a、r和n也属于这种情况。而最开始的“[lL]”则不同。“[”并不匹配一个“[”字符，它是一个元字符。在正则表达式中以下符号都是元字符。

```
.  ^  $  *  +  ?  {  }  [  ]  \  |  (  )
```

每一种元字符都有特别的作用。正则表达式“[lL]earn”中的“[lL]”被称为中括号表达式，是指匹配中括号内指定的字符中的某一个字符。这个正则表达式就是在说：大写或小写L开头，后面跟earn。

既然正则表达式表述的是一种特征或模式，那它就能够代表多个字符串了。例如，正则表达式“[lL]earn”所表征的字符串的集合是{learn, Learn}。

在一个待匹配串“If you do not learn to think when you are young, you may never learn. Learn young, learn fair.”（称为主串）中出现了“[lL]earn”模式（称为模式串）所描述的字符串集合中的一个字符串时，形成一个匹配。re.search('[lL]earn', s)语句返回了出现的第一个匹配，而re.findall('[lL]earn', s)语句以列表形式返回所有匹配的子串。

【问题8-1】 下列表达式中，匹配正则表达式[HM][ie]的有哪些？（　　）

A. [HM][ie]　　　　B. HMi

C. He　　　　D. Mi

规则二　使用元字符匹配字符组

[ ]（方括号表达式）定义一个字符组

在规则一的例子和练习中已经看到，[ ]表达式可以匹配一组字符中的任意一个。我们说[ ]表达式定义了一个字符组。最容易想到的就是逐一列出字符组中的所有字符，例如，[abc]描述了集合{a,b,c}中的一组字符。还可以使用“–”（连字符，即减号）表达一个区间，例如，[a–c]也描述了集合{a,b,c}。如果希望匹配任意一个英文字母，那么用[a–zA–Z]更显得言简意赅，它能够匹配52个大小写英文字母中的任意一个字母。如果在方括号内以^符号(脱字符号，表示缺少某个符号）开始，则是排除指定的字符（相当于在所有字符的全集中

的补集)。例如，[^lL] 表示匹配一个既不是 l 也不是 L 的任意其他字符。

字符组简写式

除了使用方括号运算符表示字符组外，还能用 \ (转义字符) 带上特定的字符表达字符组。这种形式称为字符组简写式。表 8-1 列出了一些比较常用的字符组简写式。

字符组表达字符的集合，而不是字符串的集合。
一些常用的字符组可以使用标准的简写式。
点号（.）能匹配任意字符，绝对称得上是最强通配符。

表 8-1　常用的字符组简写式

简写	意　　义	简写	意　　义
\d	匹配任意一个数字字符， 等价于 [0-9]	\D	匹配任意一个非数字字符， 等价于 [^0-9]
\w	匹配任意一个字母、数字和 _ 字符， 等价于 [a-zA-Z0-9_]	\W	匹配任意字母、数字和 _ 以外的字符， 等价于 [^a-zA-Z0-9_]
\s	匹配任意一个空白字符， 等价于 [\t\n\r\f\v]	\S	匹配任意一个非空白字符， 等价于 [^ \t\n\r\f\v]

注意：为了清晰起见，表中提到的等价说明是按照 ASCII 模式下的规则说明的。Python 中的字符集为 Unicode，相应的 re 模块默认按照 Unicode 模式匹配，对应的字符组也会包括更多的字符。例如，半角 8 和全角 8 均匹配 \d，“中”和“国”等汉字也匹配 \w。

表 8-1 中列出的字符组简写式，在转义字符后的字母 d、w、s 等分别表示 digit、word 和 space，记住这些单词有助于记忆这些简写式。另外，大写的 D、W 和 S 则对应于小写符号所表示的字符组的补集。

另外，字符组简写式也可以出现在普通字符组中。例如，[\da-fA-F] 代表了十六进制数的所有数符的集合 {0,1,2,3,4,5,6,7,8,9,a,b,c,d,e,f,A,B,C,D,E,F}。

除了在字符组简写式中使用 \ 符号表示转义外，\ 也有更一般的转义字符的作用，这一点和很多编程语言的习惯类似。例如，“\[”匹配一个左中括号，\- 匹配一个 - 符号，\\ 匹配一个 \ 符号，\n 匹配一个换行符等。

点号（.）匹配任意字符

点号（.）也是元字符，可以匹配任意字符的字符组，泛指程度非常高。

如果想要匹配点号（例如小数点或句点），需要使用“\.”的转义字符形式。

实际上，在默认情况下，点号真正能够匹配的是除换行符（\n）之外的所有字符。如果希望点号真正匹配所有字符，可以为模式匹配引擎指定标志。

补充知识：模式匹配标志

模式匹配的标志可以调整模式匹配引擎在模式匹配时的工作原则和特点。例如，使用 re 库编程，可以指定 re.DOTALL（或简写形式 re.S）标志，指定单行模式，在该模式下，点号能够匹配所有字符。如果想在模式匹配时不区分大小写，可以指定 re.IGNORECASE（或简写形式 re.I）标志。此外，还有一个 re.MULTILINE（或简写形式 re.M）指的是多行模式。

可以使用 |（Python 的按位或运算）连接多个标志。例如，re.S| re.M 同时指定单行模式和多行模式。这似乎听起来很怪异，实际上并不矛盾。因为 re.S 影响了点号运算的匹配规则，而 re.M 影响元字符 ^ 和 $ 的匹配规则。

【问题 8-2】 如果想查找的是“I am”和“I’ m”这两种形式的文本，下面的正则表达式是否正确？（注意：正则表达式的中括号中含有一个空格。）

```
I[' a]m
```

规则三　用“|”做子表达式的或运算以及用括号形成分组

如果想要在一篇文章中查找 China，Chinese 或 CHN，可以用正则表达式：

```
China|Chinese|CHN
```

用 | 连接不同的正则表达式（China、Chinese 和 CHN 分别是三个正则表达式），整体仍然是一个正则表达式，一个字符串只要能够匹配这三个中的任意一个正则表达式，整体的正则表达式也算是得到了匹配。也可以考虑下面这个正则表达式。

```
C(HN|hin(a|ese))
```

如图 8-1 所示，正则表达式第一个匹配字符 C，而 C 之后的部分，要么是 HN，要么是 hin 后跟 a 或跟 ese 的。这个正则表达式用括号定义了子表达式，也称为形成一个分组。在模式匹配的处理中有时能够发挥非常重要的作用。

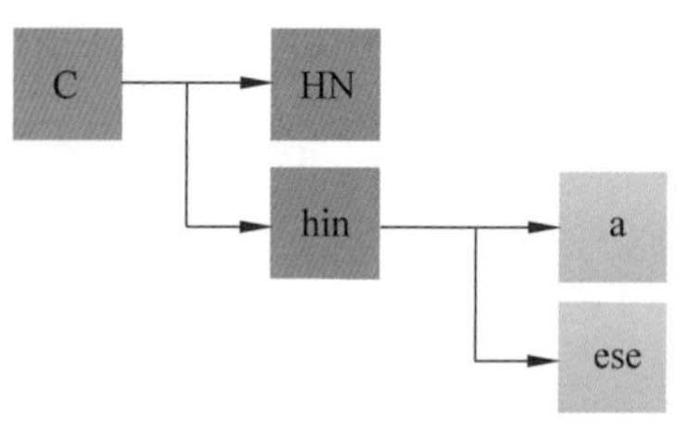

图 8-1 | 运算的直观意义

【问题 8-3】 如果想要匹配 he 或者 she，能使用正则表达式 [he|she] 吗？为什么？

规则四　限定重复匹配次数的量词

如果关心匹配的次数（典型的如 0 次、1 次、特定次数或任意次数等），就需要使用量词元字符。考虑要在一段文本中查找“颜色”的英语单词，考虑到英式和美式英语的差异，colour 和 color 都应是匹配的结果。怎么样用匹配次数来理解呢？单词中的 u 可有可无，可以出现 0 次或 1 次，表现出可选项的特点。可以使用问号（?）元字符表达这种量词说明。正则表达式 colou?r 表示依次匹配 c、o、l、o，之后匹配 0 个或 1 个 u，最后匹配一个 r。正则表达式和它所描述的字符串集合对应关系如图 8-2 所示。

正则表达式	colou?r
字符串集合	{color, colour}

图 8-2　正则表达式和匹配字符串的集合

除了问号量词外，还有加号（+）和星号（*）量词，+ 限定出现 1 到多次，而 * 限定出现 0 到多次。

除了？、+ 和 * 三种量词元字符外，还可以使用更加灵活的大括号形式的量词表达，形如 {m,n} 或 {m}。形式 {m,n} 中 m 和 n 分别表示最少出现的次数和最多出现的次数，并且可以在保留逗号的情况下，两者可以省略其一，省略 m 相当于默认值 0，省略 n 相当于不设置上限。可以试想前面的问号、加号和星号量词如何用这种形式予以表达。{m} 形式表示精确限定出现 m 次。例如，a{4} 表示 a 出现 4 次，和正则表达式 aaaa 等价。

另外，这些量词修饰的是正则表达式中位于该符号前的元素的出现次数，这里所说的元素可以是匹配单个字符的普通字符或字符组，也可以是正则表达

式中的组。例如，ha{3} 能够匹配 haaa，而 (ha){3} 则匹配 hahaha。量词在正则表达式中作用突出，经常被使用。例如：

我国固定电话号码：0\d{2,3}–?\d{7,8}

单词：　　　　　\w+

易错点：需要注意的是，量词中的次数限定是对“匹配”动作的次数限定，而不是对匹配内容的重复次数限定。例如，[ha]{3} 能够匹配以下集合中的所有字符串。

{aaa, aah, aha, ahh, haa, hah, hha, hhh}

【问题 8-4】 如果要验证要求录入的成绩是 0~100 的整数（含 0 和 100），并且成绩不得为空，以下正则表达式最为可取的是（　　）。

A. \d{3}　　　　B. [0–9]{1,3}

C. 0|100|\d\d　　　　D. 0|100|[1–9]\d

规则五　匹配位置的限定

有时我们还会关心匹配的位置。可以使用元字符和特殊的转义序列来限定匹配的位置。由于并不匹配一个多个字符构成的文本，这种手段也被称为零宽度断言。这里介绍三个常用的限定匹配位置的表示——^，$ 以及 \b。

元字符 ^ 代表字符串开始位置，$ 代表字符串结尾位置。例如，^\d+ 能够在文本“3D”中找到“3”的匹配，但无法在“A4”中找到匹配。反过来，\d+$ 能够在“A4”中找到“4”的匹配，但无法在“3D”中找到匹配。而如果正则表达式为 ^\d+$，在“3D”和“A4”中都不找到匹配，但“1949”则可以得到匹配。

^ 和 $ 的匹配规则，也可以使用模式匹配标志加以控制。如果指定了 re.MULTILINE 标志（多行模式），^ 匹配字符串或行的开始，$ 匹配字符串或行的结尾（\n 前）。在处理多行文本时，多行模式值得考虑使用。

\b 能够匹配单词边界，所以适合单词的处理。如图 8-3 所示，在“Life short, use Python.”中，一共有 8 处单词边界，句首 L 字符前的位置，单词 Life 的字母 e 后的位置等都可以匹配 \b。因此，\b\w 能够匹配所有单词中的第一个字符，而 \w\b 能够匹配所有单词中的最后一个字符。只要利用这两个正

则表达式，搭配恰当的文本素材和并不困难的编程，就很容易统计出在这些文本中使用的单词，从而了解在单词第一个和最后一个字的位置，哪些字母出现的频率更高。

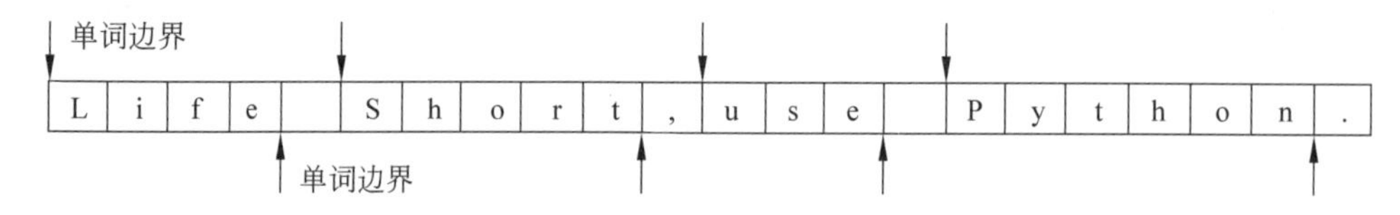

图 8-3　一个文本串中的单词边界示意

按照中文的表达习惯，词和词之间并不使用空格，所以 \b 在中文文本处理中意义并不突出。例如，“人生苦短，我用 Python。”被认为只有“人生苦短”和“我用 Python”两个词。有关中文文本的分词应用，可以了解 jieba 第三方库相关内容。

4. 正则表达式的应用

正则表达式在日常工作生活中有着广泛的应用。例如，增强的文本编辑器基本都支持用正则表达式做模式匹配的查询。基于正则表达式的查找与替换功能，常被用于保存列表式数据的格式变换处理。正则表达式还能用于检查用户的输入内容是否符合格式规范，常见的注册界面通常都会用到正则表达式。

例如，一个系统要求注册用户名仅由字母、数字、下画线和减号构成，长度为 4~16 位，还要求注册时填写电子邮箱，就可以使用这样的正则表达式：

```
^[a-zA-Z0-9_-]{4,16}$
^([A-Za-z0-9_\-\.])+@([A-Za-z0-9_\-\.])+\.([A-Za-z]{2,4})$
```

【问题 8-5】　有文本“2021 年 5 月 11 日上午 10 时，国家统计局通报，全国人口共 141 178 万人，与 2010 年的 133 972 万人相比，增加了 7206 万人，增长 5.38%；年平均增长率为 0.53%，比 2000 年到 2010 年的年平均增长

率 0.57% 下降 0.04 个百分点。数据表明，我国人口 10 年来继续保持低速增长态势。全国人口中，男性人口为 723 339 956 人，占 51.24%；女性人口为 688 438 768 人，占 48.76%。总人口性别比为 105.07。”

（1）查找出所有表示人数的文本（提示文本中用到“人”“万人”两种单位）。

（2）查找所有百分比形式（例如 5.38%）的文本。

（3）查找所有出现的年份。

8.2　在 Python 中使用正则表达式

“现在是时候把正则表达式放到 Python 程序里，让程序做一些更了不起的事情了。在 Python 中，使用 re 库就能做到。”

1. re 模块正则表达式编程

在 Python 编程中如何运用正则表达式呢？让我们通过下面的代码，先来体验一下正则表达式的应用吧。

```
>>> import re
>>> s = 'If you do not learn to think when you are young, you
        may never learn. Learn young, learn fair.'
>>> PATTERN_STR = r'[lL]earn'
>>> # 形式一：显式编译模式串得到模式对象，使用模式对象的方法
>>> pattern = re.compile(PATTERN_STR)
>>> match = pattern.search(s)
>>> print(pattern, match, sep='\n')
re.compile('[lL]earn')
<re.Match object; span=(14, 19), match='learn'>
>>> # 形式二：模式串作为参数，re 库自动编译模式串并调用模式对象的方法
```

```
>>> match = re.search(PATTERN_STR, s)
>>> print(match)
<re.Match object; span=(14, 19), match='learn'>
>>> re.findall(PATTERN_STR, s)
['learn', 'learn', 'Learn', 'learn']
```

这段程序中有以下方面值得留意。

（1）正则表达式功能由 re 库提供。

在 Python 中使用正则表达式，要先导入 re 模块（re 表示正则表达式）。

```
import re
```

（2）模块函数和模式对象两种编程方式。

re 库的大部分模式匹配操作可以用模块全局函数形式使用，也可以按照正则表达式对象（也称模式对象）的方法的形式使用。如图 8-4 所示，re.compile( ) 函数能够根据一个正则表达模式特征的字符串（称为模式串）编译或构造 Pattern 类型的模式对象。之后就可以用这个构造出来的模式对象完成 search( ) 等操作。模块函数的形式可以看作 Pattern 对象同名方法的简化版本。对正则表达式操作较少或较简单的场合，可以考虑使用“re. 全局函数 ( )”的编程方式。反之，推荐使用“Pattern_Object. 方法 ( )”的模式对象形式。

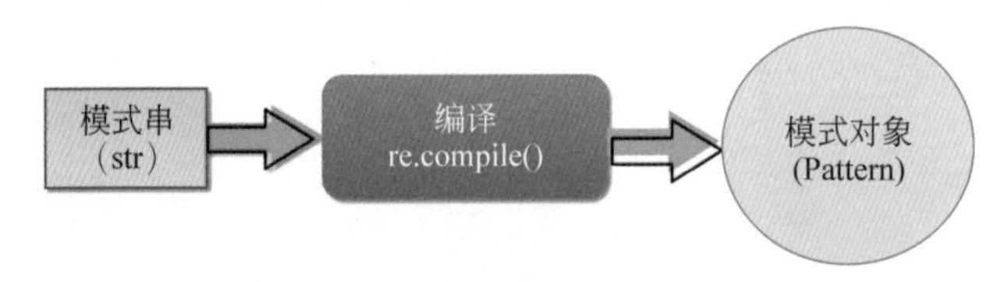

图 8-4　正则表达式和匹配字符串的集合

Compile 或者不 Compile，这不是一个问题。

（1）re.compile( ) 的实现利用了缓存机制。简单地说，编译过的模式串，下次再编译时，re 库会找到已经编译的版本，不用再重复编译一次。缓存思想在计算机科学中有着重要的地位，就连 CPU 都普遍使用缓存技术。

（2）Pattern 对象的方法一般接受更多的参数，也更加灵活。

（3）模式串通常使用原始字符串表达。

默认情况下，在 Python 字符串字面量中的“\”起到转义作用。同时，“\”在正则表达式中也有类似的转义作用。为了避免这种层层转义带来的模式串可读性变差的问题，建议总是用原始字符串表示模式串。原始字符串就是字符串字面量前加 r 前缀，这样字符串字面量中的“\”被看成是一个常规的“\”字符，不再有 Python 字符串的转义含义。下面的语句展示了这种对比。

```
>>> print(r'\\', len(r'\\'), '\\', len('\\'))
\\ 2 \ 1
```

（4）以 search( ) 为例理解正则表达式操作。

search( ) 可以使用模块函数或模式对象方法的形式来调用。

```
re.search(pattern, string, flags=0) -> Match | None
Pattern.search(string[, pos[, endpos]]) -> Match | None
```

函数 re.search(pattern, string, flags=0) 在参数 string 的字符串中搜索第一次匹配 pattern 参数的模式串（或模式对象）的位置，找到时返回 Match 对象，没有找到时返回 None。可选的 flags 参数指定标志值，将会影响模式匹配行为。例如，指定 re.IGNORECASE 或 re.I 标志常量时，模式匹配过程会忽略大小写，进行大小写无关的匹配。此外，还有其他一些标志常量可供使用，还可以使用 |（按位或运算符）连接多个标志常量。前面提到的 re.compile( ) 也接受可选的 flags 参数。

下面的语句能够查找主串 s 中的“learn”和“Learn”，这一次没有使用提到的 [lL]earn 模式串，而是通过标志值来控制模式匹配行为，从而达到这个目的。

```
>>> match = re.search('LEARN', s, re.I)
```

模式对象方法 Pattern.search(string[, pos[, endpos]]) 功能类似且更加灵活。不同于 re.search( ) 在整个主串中查找，Pattern.search( ) 可以使用可选的参数 pos 和 endpos 指定在主串的一个范围内搜索。例如，下面的语句指定了从主串 s 的下标 66 处开始搜索，具体搜索情况的特点如图 8-5 所示。

```
>>> match = pattern.search(s, 66)
>>> match
<re.Match object; span=(70, 75), match='Learn'>
```

图 8-5　search( ) 匹配示意图

(5) 匹配结果——Match 对象。

在搜索成功时，search( ) 返回 Match 对象，Match 即匹配的意思。Match 对象记录着一次匹配的位置等信息。由于搜索失败时会返回 None，所以在使用模式匹配返回结果时，要注意检查它是不是有效的 Match 对象。代码形如：

```
match = re.search(pattern, string)
if match:
    process(match)
```

可以用 Match 对象 start( ), end( ), span( ) 和 group( ) 等方法，获取匹配的位置以及得到匹配的子串等信息。

```
>>> match.start(), match.end(), match.span(), match.group()
(70, 75, (70, 75), 'Learn')
```

Match 对象除了上述方法以外，也包括一些属性，可以用于了解模式匹配操作的相关状态。例如，re 属性和 string 属性分别指示了产生该 Match 对象的正则表达式对象以及主串，还有 pos、endpos 属性进一步说明了在 string 主

串中搜索的开始位置和结束位置（参见第（4）点中关于 Pattern.search( ) 的说明）。

2. 灵活多样的查找和匹配操作

除了 search( ) 外，re 模块还有 match( )、fullmatch( )、findall( ) 和 finditer( ) 等众多的查找和匹配操作。这些操作，有的返回一次匹配的信息，有的返回多次匹配的信息。

（1）返回第一次匹配的信息。

search( )、match( ) 和 fullmatch( ) 操作都是以 Match 对象返回从搜索位置起的第一次匹配，搜索失败时返回 None。

三者存在着递进的特例关系。如图 8-6 所示，search( ) 操作允许在主串中间任意的位置产生模式匹配，代表了典型的搜索功能。match( ) 操作要求一定从主串开始的位置匹配。而 fullmatch( ) 操作要求一定从主串的开始匹配，匹配范围直到主串的结束位置，也就是说，主串整体是唯一的匹配结果。

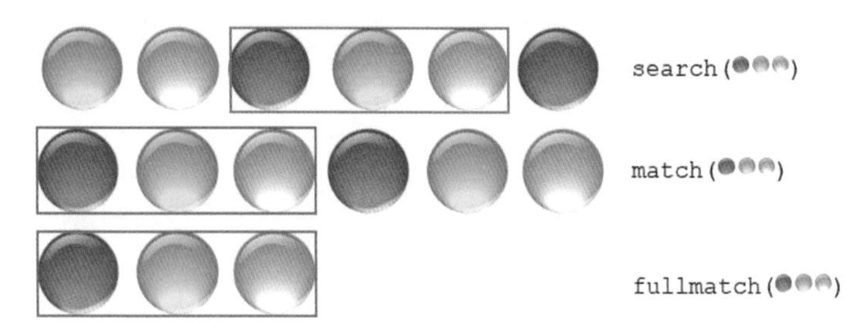

图 8-6　三种匹配操作的对比

下列代码实现了三种匹配操作。

```
>>> import re
>>> s1, s2, s3 = '新中国成立于 1949 年', '1949 年', '1949'
PS = '\d+'
>>> re.search(PS, s1), re.match(PS, s1), re.fullmatch(PS, s1)
(<re.Match object; span=(6, 10), match='1949'>, None, None)
>>> re.match(PS, s1), re.match(PS, s2)
(None, <re.Match object; span=(0, 4), match='1949'>)
>>> re.fullmatch(PS, s3)
<re.Match object; span=(0, 4), match='1949'>
```

三种操作都有适用的场合。match( ) 函数可以实现较为宽松的数据输入，如果要求用户输入一个整数，而用户输入了 200m，用 match( ) 可以匹配其中的 200 这一部分。fullmatch( ) 则更为严格，可以用于更加严格的数据有效性检查。当然，给 search( ) 提供恰当的模式串，也能够实现同样的功能。

结合 ^、$ 和 .* 等元字符的认识，在横线上填写适当的内容。

re.fullmatch(r'\d+', s3)

等价于 re.search(_______, s3)，

等价于 re.match(_______, s3)。

re.match(r'\d+', s2)

等价于 re.search(_______, s2)。

（2）返回多次匹配的信息。

findall( ) 和 finditer( ) 都返回多次匹配的信息，但两者返回的对象类型不同。如前所示，findall( ) 以列表形式返回多次匹配的子串（返回 list 对象，其中的元素是 str 类型的匹配子串），比较适合对匹配位置不关心，而只关心匹配内容的情形，适用于预期返回结果数量不太多的情形。finditer( ) 以迭代器（iterator）对象返回匹配结果，迭代器可以访问每一次匹配的 Match 对象。finditer( ) 比较适合关心匹配位置，适用于匹配结果数量较多的场合。

```
>>> for i, match in enumerate(re.finditer(PATTERN_STR, s)):
        print('第{}次匹配:{}, 位置{}'.format(i + 1,
            match.group(), match.span()))
第1次匹配:learn, 位置(14, 19)
第2次匹配:learn, 位置(63, 68)
第3次匹配:Learn, 位置(70, 75)
第4次匹配:learn, 位置(83, 88)
```

3. 善用匹配中的分组

正则表达式中的括号能够定义分组，编程示例中也曾展示 Match.group( ) 方法的使用。巧妙利用分组，能够在模式匹配结果处理上获得很大的便利。

```
>>> import re
>>> s = '中国建设银行 24 小时服务热线：95533，24 小时信用卡客户服务专
        线：400-820-0588。\n 中国工商银行 24 小时服务热线：95588，24
        小时贵宾服务专线：400-66-95588。'
>>> PATTERN_STR = r'(.+ 银行).*(95\d{3}).*(400[-\d]{9})'
>>> for match in re.finditer(PATTERN_STR, s):
  print('{}\t{}\t{}'.format(match.group(1), match.group(2),
match.group(3)))
中国建设银行    95533 400-820-0588
中国工商银行    95588 400-66-95588
```

本例中使用了一个比较复杂的正则表达式：

```
(.+ 银行).*(95\d{3}).*(400[-\d]{9})
```

这个正则表达式描述了匹配某某银行，后跟若干任意字符，再匹配数字 9 和数字 5 以及紧随其后的 3 位数字字符，再次后跟若干任意字符，然后匹配依次出现的 4、0、0 以及紧随其后的包括“-”和数字字符共计 9 个字符。

主串文本包含两家国有银行的服务热线和客服电话信息。正则表达式查找银行名称、形如 95*** 和 400*** 的电话号码时，恰好使用了三对括号，用来把匹配某某银行、95*** 和 400*** 的部分正则表达式作为分组对待。

在模式匹配编程上和前面的例子差别不大，最为重要的是使用了 match.group(1)，match.group(2)，match.group(3) 这样的代码。实际上，之前使用的 match.group( ) 形式，利用了可选参数这一语言特性，等价于 match.group(0)，而编号为 0 的组对应完整的匹配子串。在正则表达式中按照括号出现的先后顺序，有编号为 1、2、3 的组。也可以直接将“*match.groups( )”用作 format( ) 的参数，使得代码更加简洁。匹配细节如表 8-2 所示。

表 8-2　包括分组的正则表达式匹配的意义

匹　配	分　组	匹配区间	子　串
Match 1	Gruop 0	0~51	中国建设银行 24h 服务热线：95533，24h 信用卡客户服务专线：(境内)：400-820-0588
	Gruop 1	0~6	中国建设银行
	Gruop 2	15~20	95533
	Gruop 3	39~51	400-820-0588
Match 2	Gruop 0	73~121	中国工商银行 24h 全国电话服务热线：95588，24h 贵宾服务专线：400-66-95588

续表

匹配	分组	匹配区间	子串
Match 2	Gruop 1	73~79	中国工商银行
	Gruop 2	92~97	95588
	Gruop 3	109~121	400-66-95588

运用分组能够很好地以整体和部分的视角来审视和处理匹配结果，这一功能非常有助于从文本中提取和组织结构化程度更高的数据。

4. 基于模式匹配修改和分隔文本

基于模式匹配不仅可以完成查找和匹配，还可以进行文本的修改操作。就像 search( ) 可以看成是 str.find( ) 的升级版，这里介绍 str.replace( ) 和 str.split( ) 的升级版——re.sub( ) 和 re.split( )。

（1）使用 sub( ) 替换文本。

数据脱敏，指对某些敏感信息通过脱敏规则进行数据的变形，实现敏感隐私数据的可靠保护。例如，小明的手机号码是 13912345678，身份证号码是 110101200612260019，应用软件在显示这些信息时，通常会将其显示为 139****5678 和 110***019 的形式。利用基于模式匹配的文本替换，很容易实现对电话号码和身份证号码的自动处理。

```
#Data Masking
import re
def mask_pattern(pattern_str):
    pattern = re.compile(pattern_str)
    return pattern.sub(r'\1***\2', s)
mask_phone = lambda x : mask_pattern(r'(1\d{2})\d{4}(\d{4})')
mask_id =lambda x : mask_pattern(r'([1-9]\d{2})\d{12}(\d{2}
[0-9X])')
mask_data = lambda x : mask_phone(mask_id(x))

s = '手机号码是13912345678，身份证号码是110101200612260019。'
>>> mask_data(s)
'手机号码是139***5678，身份证号码是110***00612260019。'
```

```
pattern.sub(r'\1***\2', s)
```

第一个参数指定要将匹配子串替换成何种模式的目标串，第二个参数是主串。第一个参数中 \ 带数字的形式，称为反向引用。

替换的情形如图 8-7 所示。

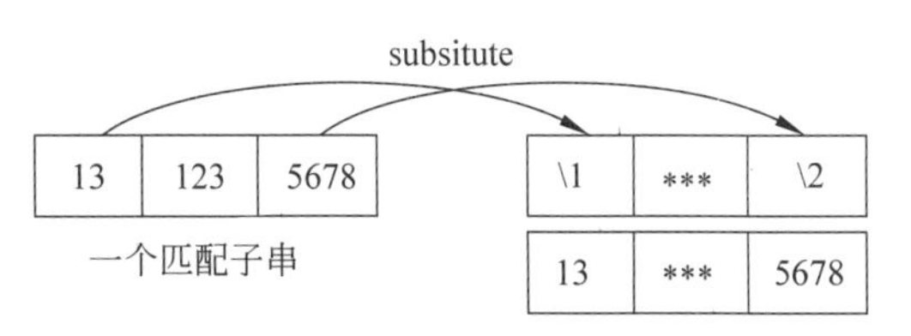

图 8-7　sub( ) 操作示意图

（2）使用 split( ) 分隔文本。

re.split( ) 用于将文本分隔成字符串的列表。下面的例子展示了其灵活性。

```
from datetime import datetime
def parse_date(s):
    y, m, d = re.split(r'\D+', s)[:3]
    return datetime(int(y), int(m), int(d))
```

执行这个自定义函数时，指定不同格式的日期，甚至是非常不规范的日期格式时，语句都能正确解析出对应的日期。

```
>>> parse_date('2021年8月1日')
datetime.datetime(2021, 8, 1, 0, 0)
>>> parse_date('2021@@8-15')
datetime.datetime(2021, 8, 15, 0, 0)
```

可以看到，本例可以以任意非数字字符组成的字符串作为分隔符，将原字符串分隔，并使用切片取前三个元素，作为年、月、日的值看待，从而支持更为宽松的日期输入格式。

5. 贪婪匹配和最小匹配

模式匹配默认按照贪婪匹配的原则处理，即尽可能匹配更长的子串。例如，试想下面给定的模式串和主串，匹配的结果会是①和②中的哪种呢？（为了帮助理解，在文本下方添加了下画线以体现匹配子串的对应部分。）

.+ 银行 .* 95\d{3}

① 中国工商银行24小时全国电话服务热线：95588，24小时贵宾服务专线：400-66-95588

② 中国工商银行24小时全国电话服务热线：95588，24小时贵宾服务专线：400-66-95588

按照默认的贪婪匹配原则，匹配结果是第一种情况。如果需要得到第二种匹配结果，可以在量词后加上一个“?”，形成最小匹配的效果。例如，下面的正则表达式将会得到上面给出的第二种匹配结果。

```
.+银行.*?95\d{3}
```

【问题8-6】 电子小说非常受欢迎，其中不少是TXT格式的文本文件。这样的小说连基本的目录导航都不具备。以文本格式的小说《红楼梦》为素材，完成以下任务。

（1）以编程的方式从该文件中提取出其中全部一百二十回的目录信息。

（2）编写一个函数，从小说中提取任意指定一章的文字内容。

本单元我们主要学习了基于模式匹配的文本处理，它的核心是正则表达式这一强大技术，而re库则是你的编程工具。本单元后面的习题，有助于检验大家的学习效果，抓紧做一下吧。

1. 以下正则表达式中，能够匹配大写首字母单词的是（　　）。

A. \w+　　B. [A–Z][a–z]*　　C. [A–Z]\w*　　D. \b[A–Z]\w*

2. 能够匹配第二个字是字母o且长度是3的单词的正则表达式是（　　）。

A. \wo\w　　B. \wo\w{3}　　C. \b\wo\w\b　　D. \b\wo\w

3. 匹配仅包括大小写英文字母且长度为 4 的单词的正则表达式是（　　）。

A. \w{4}　　B. \b[a-zA-Z]{4}\b

C. \b[a-zA-Z]+　　D. \b[a-zA-Z]{4}

4. 如果希望编译模式串为模式对象并保存该对象，应使用的函数是（　　）。

A. re.compile( )　　B. re.search( )　　C. re.match( )　　D. re.findall( )

5. 运行下列代码，输出的结果是（　　）。

```
import re
s="China, officially the People's Republic of China\
(PRC; Chinese: 中华人民共和国), is a country in East Asia. "
print(re.search(r'Chi\w+', s).group())
```

A. Chi\w+　　B. Chi　　C. China　　D. Chinese

6. 运行下列代码，输出的结果是（　　）。

```
import re
s="China, officially the People's Republic of China\
(PRC; Chinese: 中华人民共和国), is a country in East Asia. "
print(len(re.findall(r'\b[cC]\w+', s)))
```

A. 0　　B. 2　　C. 4　　D. 程序出错

7. 运行下列程序，输出的结果为（　　）。

```
import re
print(re.match(r'\d{4}', '1921-2021').group() and\
re.fullmatch(r'\d{4}', '1921-2021').group())
```

A. 1921　　B. 1921 2021

C. 1921 1921 2021　　D. 程序出错

8. 运行下列程序，输出结果为（　　）。

```
import re
m = re.search(r'(\d{4})-(\d{4})', '1921-2021')
print(m.group(), m.group(0), m.group(1), m.group(2))
```

A. 1921 1921–2021 1921 2021
B. 1921–2021 1921 2021 1921–2021
C. 1921–2021 1921–2021 1921 2021
D. 程序出错

9. 运行下列程序，输出结果为（　　）。

```
import re
print(re.split(r'\d+', 'a1b2cd34efg567#'))
```

A. ['1', '2', '34', '567']
B. [1, 2, 34, 567]
C. ['a', 'b', 'cd', 'efg', '#']
D. 程序出错

10. 编写程序实现模式匹配，要求如下。

（1）使用 input( ) 函数接受用户输入的一行文本。

（2）按照完全匹配（fullmatch( ) 函数）检查输入文本，判断输入的文本内容是座机号码还是手机号码,并给出“座机号码”“手机号码”或“非电话号码”的输出。

说明：

（1）要求座机号码符合以 0 开始的 3 位或 4 位数字后跟可选的“-”，再跟 7 位或 8 位数字形式的完整的座机号码形式，如“010-12345678”。要求手机号码符合以 1 开始的 11 位数字形式，如“19876543210”。

（2）input( ) 函数不使用任何提示参数，输出结果不使用任何多余字符。

样例：

输入：13311703060

输出：手机号码

第 9 单元
HTML 数据

"小帅，怎么我上网时看到浏览器有'查看网页源代码'的功能，难道网页也要编程吗？"

"网页也是一种文件格式，它真的是有所谓的'源代码'呢，也可以叫它 HTML 代码。手工编写或者由程序生成网页需要用到的语言叫作超文本标记语言，简称 HTML。"

有两个重要的原因是你学习 HTML 的理由。一方面，网页已经成为一种标准的信息发布形式，Web 能成为名符其实的信息网络，离不开 HTML 的超文本重要思想和技术；另一方面，HTML 归根结底是一种标记语言，使它成为数据结构化的一种标准和重要的手段。学完本单元后，你将能够使用 Python 语言把 Python 世界中的数据转换为遵循 HTML 规范的网页文档。

9.1 认识 HTML

1. HTML 和文档结构

相信大家对网页都不会觉得陌生，网页中可以包含文字、图片等形式的内容，甚至还可以包括视频这样的多媒体元素。这些网页大多使用 HTML 编写。HTML（Hypertext Markup Language）指超文本标记语言，它是网页的标准语言，一个网页就是一个 HTML 文档。HTML 是一种描述性标记语言，用于描述网页内容的结构。可以结合一个 HTML 文档的示例来了解它的结构特征。

```
<!doctype html>
<html>
<head>
<meta charset="utf-8">
<title>PAAT 全国青少年编程能力等级考试 </title>
```

```
</head>
<body>
    <img src="name.png" style="float: right; height: 38px;">
    <img src="logo.png" style="float: right; height: 38px;">
    <h1>PAAT 全国青少年编程能力等级考试 </h1>
    <p> "PAAT 全国青少年编程能力等级考试 " 为全国高等学校计算机教育研究会与各合作学术团体联合举办，面向全国学习计算机编程技术的青少年举办的考试。
     <p> 考试目的是为了引导青少年计算机编程教育培训科学化、规范化，以适应时代发展；了解考查青少年编程能力、应用能力、创新能力及计算思维能力，打通基础教育和高等教育的信息素养培养体系；为青少年发展、社会实践等提供统一、客观、公正的编程能力水平证明。</p>
</body>
</html>
```

这个网页在浏览中会显示为如图 9-1 所示的页面。

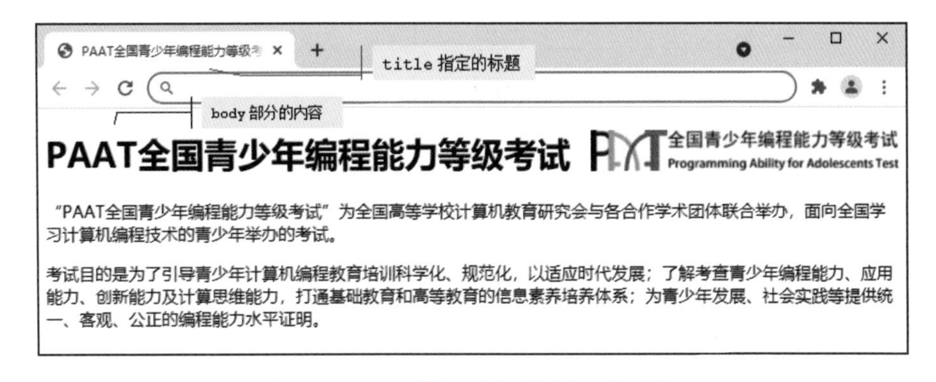

图 9-1　示例网页中浏览器中的页面

一个 HTML 文档由大量元素组成，文档中的元素由标签来界定元素的开始和结束位置。容易看出，该 HTML 文档中包括大量形如 <tag_name> 和 </tag_name> 形式的标签，分别称为开始标签和结束标签，这体现了 HTML 的“标记”的意义。例如，文档中的 <html> 和 </html> 分别指示了 html 元素的开始和结束位置。html 元素中又包括 head 元素和 body 元素。其中，head 元素代表了文档头部，包括字符集、标题等描述该文档的信息（称为元数据），而 body 元素代表了文档主体，容纳了在浏览器中显示的内容。本例的网页主体包括两个图像（img 元素）、一个标题（h1 元素）和两个段落（p 元素）。实际的网页中通常有更加丰富的内容，虽然会包括更多更复杂的元素，但本例的结构规范是一致的。

示例 HTML 文档的第一行比较特别，它向浏览器说明这是一个 HTML5 文档。HTML5 是 HTML 的最新版本。

HTML 文档的这种元素嵌套的结构特征，使得 HTML 文档具有树状结构。例如，示例网页就具有如图 9-2 所示的具体树状结构。在图中示出的每个元素，称为树中的一个结点。html 元素被称为根（root）结点或根元素，html 结点有两个孩子（child）结点——head 和 body 结点，并且称 head 是第一个孩子结点，称 body 是第二个孩子结点。反过来说，head 和 body 有着共同的双亲（parent）结点，双亲结点也可以称为父结点。属于同一双亲结点的多个孩子结点形成兄弟（siblings）关系。理解这些术语，不仅能够加深对计算机科学中的树结构的认识，也有助于在后续单元（第 10 单元数据爬取）理解它的应用。

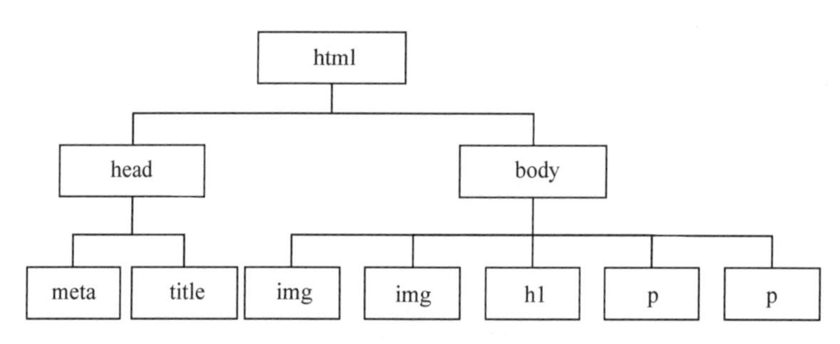

图 9-2　示例网页的文档对象模型结构示意

2. HTML 语法简介

图 9-3 简要表示了 HTML 的语法。

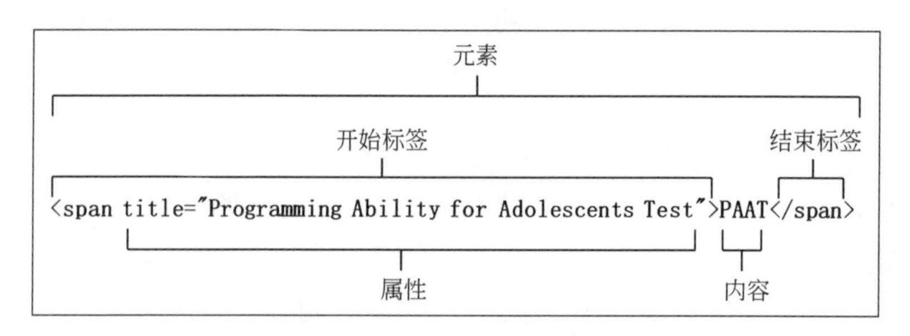

图 9-3　HTML 语法单位示例

（1）元素。

元素是构成 HTML 文档的对象。图 9-3 是一个 span 元素。例如，“<h1>PAAT 全国青少年编程能力等级考试 </h1>”称为一个 h1 元素，代表一个“一级标题”。这个 h1 元素的内容是文本“PAAT 全国青少年编程能力等级考试”。元素的内

容还可以为空，甚至可以是其他元素。例子中的 img 元素就属于内容为空的情况，而 html、head 和 body 元素都将嵌入其中的元素作为自身的内容。

（2）标签。

标签用于表示定界元素，如图 9-3 所示，元素可以包括开始标签和结束标签。例如，<p> 和 </p> 标签及其中间的内容共同构成 p 元素，表示文档中的一个段落。例子中的 meta 元素和 img 元素都属于没有内容的元素，因此没有结束标签。另外，按照 HTML5 标准给出的规范，有的标签在特定情况下可以省略结束标签，例如，本例中第一个 p 元素就省略了结束标签。

（3）属性。

属性用于说明元素的特征，以“属性名 = 属性值”形式出现在开始标签中。<meta> 标签中的“charset="utf-8"”（该属性说明了网页使用字符集编码）和 <img> 标签中的“src="name.png"”（该属性说明了图片的来源，即图像文件 name.png）均是如此。属性值一般使用引号包括起来。

（4）其他。

除了上述语法点以外，还有一些其他的特点。

① 大小写不敏感：不像 Python 语言区分大小写，HTML 通常不区分大小写，并且在 HTML 中标签和属性名表示时建议使用小写。

② 空白符号和缩进格式：HTML 文档中可以包括空格、制表符、换行符等空白符号，主要用于分隔不同属性或者不同标签。通过使用空格和换行可以使得源代码产生良好的缩进格式，能够提高可读性，但语言上这并不是必需的。另外，HTML 元素内容中出现的空白符有特别的处理规则，例如，多个连续空白符会被合并为一个空白符，换行符并不会在网页产生换行控制等。

③ 字符实体引用：由于“<”和“>”已经在 HTML 中具有了特殊的含义，因此如果希望在网页中包括“<”和“>”内容，应该使用形如“&…;”的形式予以特殊表示，类似于 Python 编程语言中的转义字符的特点。在 HTML 中，字符实体引用“<”和“>”分别表示“<”和“>”。

【问题 9-1】 以下标签元素中，在其中记录 HTML 文档元数据的是（　　）。

A. <html>　　　　B. <head>

C. <body>　　　　　　　　　D. <p>

3. HTML 元素

示例中用到的 h1、p 和 img 元素都是网页文档中经常使用的元素。HTML5 中定义了上百个 HTML 元素（或标签）供网页开发者使用。为了方便本单元后续内容的学习，在此列出部分元素。更加全面的元素规范，可查阅 MDN Web Docs（https://developer.mozilla. org/zh-CN/docs/Web/HTML/Element）等网站。

除了例子中用到的常用标签外，比较常用的还有表 9-1 中的 <a> 元素用来表示网页中的超链接，它是同一网站内以及不同网站页面间相互链接的基础。<table>、<tr> 和 <td> 联合起来用于在网页中显示二维表格数据。标签 <ul>、<ol> 及 <li> 用于在网页中显示带有符号或带有编号的无序及有序的列表数据。以下简要介绍相关标签的使用。

表 9-1　常用 HTML 元素

元　素	描　述
<html>	表示一个 HTML 文档的根元素。所有其他元素必须是此元素的后代
<head>	规定文档相关的配置信息，包括文档的标题、引用的文档样式和脚本等
<meta>	表示不能由 base、link， script、style 或 title 等元素表示的元数据
<style>	包含文档的样式信息或者文档的部分内容
<title>	定义文档的标题，显示在 Browser 的标题栏或标签页上
<body>	表示文档的内容
<h1>~<h6>	标题元素呈现了 6 个不同级别的标题，<h1> 级别最高，<h6> 级别最低
<p>	表示文本的一个段落
<img>	表示将图像嵌入文档
<a>	超链接，可链接到网页、文件、页面内位置、电子邮件地址或任何其他 URL
<table>	表示表格数据——即通过二维数据表表示的信息
<tr>	定义表格中的行。 同一行可同时出现 td 和 th 元素
<td>	定义包含数据的表格单元格。<th> 元素的内容表示表格的标题行 / 列内容
<ul>	表示一个内可含多个元素的无序列表或项目符号列表
<ol>	表示有序列表，通常渲染为一个带编号的列表
<li>	表示列表里的条目。通常包含在父元素 ul 或 ol 中
<div>	是一个通用型的流内容容器，属于块元素
<span>	是一个通用的行内容器，属于行内元素

（1）网页中的标题和段落。

网页中的文字经常以标题和常规段落的形式出现。要使得相应的内容作为标题（Heading），可以通过 <h1>、<h2>……<h6> 等 6 个标签进行定义，分别代表一级标题、二级标题、……、六级标题。标题在浏览器中通常以加粗以及略大字号突出显示，以区别于段落正文。段落使用 <p> 标签表示，在浏览器中显示为普通字形（默认不加粗、不倾斜）的格式。浏览器在显示段落时会有明显的段落间距。<p> 标签会产生文字另起一行的显示效果，类似于 Word 等文字处理软件。<h1>~<h6> 标签也有另起一行的显示风格。类似这种折行显示的元素称为块级元素。但要注意区分分段和换行的意义。例如，在页面上显示一首古诗词时，完整的诗词可以视作一段，中间可以使用
 产生折行而不分段的效果。

如下 HTML 文档使用了标题和段落标签，在浏览器中查看如图 9-4 所示。

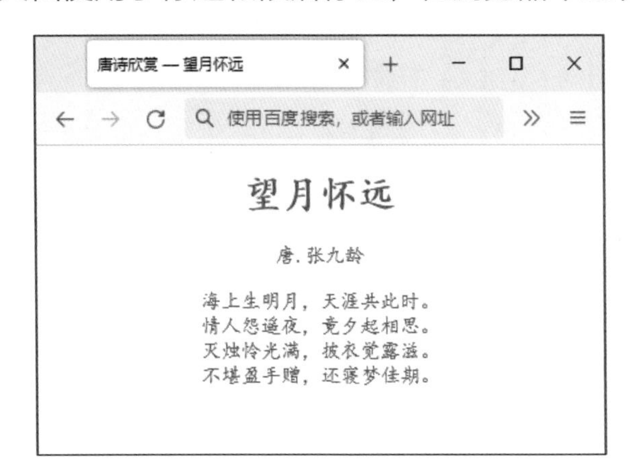

图 9-4　使用标题和段落的网页

```
<!DOCTYPE html>
<html><head>
        <meta charset="utf-8"><title> 唐诗欣赏 — 望月怀远 </title>
        <style> h1, body{ font-family: '楷体'; color: blue; text-
align: center }</style>
    </head><body>
            <h1 style="font-size: 30px"> 望月怀远 </h1>
            <p> 唐 . 张九龄 </p>
            <p>
                海上生明月，天涯共此时。<br>
```

```
                    情人怨遥夜，竟夕起相思。<br>
                    灭烛怜光满，披衣觉露滋。<br>
                    不堪盈手赠，还寝梦佳期。<br>
                </p>
        </body>
</html>
```

关于这个网页，强调和说明以下几点。

① HTML 文档有良好的缩进，可读性较好，但这并不是必需的。

② 网页中的换行符不会使得网页在显示时产生换行。

③ 网页使用 CSS（层叠样式表），在 <style> 标签和 style 属性中指定了 h1 和 p 元素字体、字号、颜色和对齐等属性。请查阅 CSS 资料。

（2）用 <a> 标签定义超链接。

如果想要使上一个唐诗网页中的诗人姓名“张九龄”成为一个超链接，在被单击时跳转到百度百科的词条“张九龄”，需要使用 <a> 标签定义一个超链接。

```
<a href="URL"> 链接显示文字 </a>
```

其中，href 指定超链接指向的 URL，标签内容为网页上显示的文字。例如：

```
<a href="https://baike.baidu.com/item/ 张九龄 /210045"> 张九龄 </a>
```

实际上，<a> 标签元素的内容也可以是文本以外的内容。如果在 <a> 和 </a> 之间包括一个 <img> 标签，则图像将成为超链接热点。

（3）用 <table>、<tr>、<th> 和 <td> 显示二维表格数据。

用 <table>、<tr>、<th> 和 <td> 这一组标签可以在网页中显示一个二维表格。使用时，在 <table> 标签元素中包含多个 <tr> 标签元素形成表格的多个行。在每一行中，可以包含多个 <th> 或 <td> 形成该行中的单元格，<th> 定义表格的表头单元格，<td> 定义一般的单元格。下面的 HTML 代码片段定义如图 9-5 所示表格。

```
<table border="1" cellpadding="0" cellspacing="0">
  <tr> <th> 级别 </th> <th> 描述 </th> </tr>
  <tr> <td> 一二级 </td>
       <td> 侧重 Python 语言基础 </td>   </tr>
  <tr> <td> 三四级 </td>
       <td> 侧重多方面综合应用 </td> </tr>
</table>
```

（4）用 <ul> 和 <ol> 定义列表。

用 <ul> 和 <ol> 标签定义无序或有序列表。这两个标签的内容都是多个 <li> 标签作为列表的列表项。下面的 HTML 代码片段定义如图 9-6 所示列表。

级别	描述
一二级	侧重Python语言基础
三四级	侧重多方面综合应用

图 9-5　网页中的表格

- HTML
- CSS
- JavaScript

1. HTML
2. CSS
3. JavaScript

图 9-6　网页中的无序和有序列表

```
<ul>
    <li>HTML</li>
    <li>CSS</li>
    <li>JavaScript</li>
</ul>

<ol>
    <li>HTML</li>
    <li>CSS</li>
    <li>JavaScript</li>
</ol>
```

此外，<div> 标签使用非常广泛。它代表一个通用的块级元素，在网页中通常和 CSS 或 JavaScript 搭配使用，从而更好地控制网页的外观和行为。在

Web 开发中，除 HTML 以外的 CSS 和 JavaScript 等技术并不作为本单元内容，感兴趣的读者可以课外自行查找资料学习。

让人眼花缭乱的 HTML、XML 和 XHTML

三者既有区别又有联系。XML 称为可扩展标记语言，语法形式类似于 HTML，但没有预定义标签。例如，在 XML 中用 <table> 元素可能在描述一张桌子而不是 HTML 中的表格。XML 常用于表示业务领域数据，方便在不同的系统中交换和使用。XHTML（可扩展超文本标记语言）相当于用 XML 实现了 HTML，曾经被网页开发人员广泛使用。但目前由于 HTML5 标准的发展和浏览器对 HTML5 的拥护，XHTML 的接受程度和使用广泛性明显下降。

【问题 9-2】 如果想要在一个介绍诗人李白的网页中包括一个标题和一个段落，以下的 HTML 文档结构是否正确？为什么？

```
<!doctype html><html><head><meta charset="utf-8"></head>
<body><title>李白简介</title>
<p>李白（701—762 年 12 月），字太白，号青莲居士，唐代伟大的浪漫主义诗人，被后人誉为"诗仙"。代表作有《望庐山瀑布》《行路难》《蜀道难》《将进酒》《早发白帝城》等多首。</p></body></html>
```

9.2 HTML 数据处理方法

参照处理 CSV 和 JSON 数据的经验，HTML 数据处理应该包括产生 HTML 数据以及读取和解析 HTML 数据两方面。本单元说明产生 HTML 数据的处理，

读取和解析 HTML 数据将在第 10 单元学习。

1. 用标记和模板的方式生成 HTML 数据

HTML 是一种被广泛使用的描述文档结构的标记语言，它独立于任何的编程语言。将 Python 程序中的数据转换为 HTML 文档，用网页的形式呈现 Python 程序数据，就是一种 HTML 的典型应用。

从一定的角度来说，HTML 和 CSV、JSON 都可以看成是数据的表示法。相比而言，CSV 额外开销最小，表达能力也最为局限，仅适用于表示表格数据。JSON 界于中间，有着表达对象和数组的能力，和面向对象思想和实现有着天然的亲密感，从而在 AJAX 和 Web Services 等方面有着广泛的应用，甚至被应用在 NoSQL 和大数据等领域。HTML 额外开销最大（对比 HTML 开始标签和结束标签的特点以及 JSON 名称 – 值对的特点），但它是真正面向网页文档的语言，因此也更面向最终用户。

要生成 HTML 数据，重点在于选择使用 HTML 标准所提供的恰当的标签，把数据内容用 HTML 元素的形式予以标记。例如，一个简明扼要的标题，可以使用 <h1>…</h1> 开始标签及结束标签，将其包装在其中作为 h1 元素的内容。而这很容易用 str 类的 format( ) 方法实现。例如：

```
'<h1>{}</h1>'.format('PAAT 全国青少年编程能力等级考试')
```

能够产生如下的 HTML 元素或者 HTML 文档片段，也达到了将内容按照 HTML 规范予以标记的效果。

```
<h1>PAAT 全国青少年编程能力等级考试</h1>
```

正如 str.format( ) 方法调用时，str 对象中包括普通字符和替换域一样，上面的语句中，除了 { } 所表示的替换域以外的 <h1> 和 </h1> 代表了 HTML 代码片段中不变的固有标签，而 { } 所表示的替换域则对应着 HTML 代码片段中的可变内容。这是一种朴素的模板思维。为模板的可变部分提供相应的数据，就能够生成 HTML 代码片段甚至是整个 HTML 文档。

2. 将 CSV/JSON 数据组织转换成 HTML 数据

CSV 和 JSON 作为两种重要的数据格式，非常适用于组织管理表格数据或

者字典数据等。假设现在有若干个电话账户的信息，分别保存在独立的 JSON 文件中，并且文件以账号作为文件名。每个电话账户每个月的通话记录保存在单独的 CSV 文件中，并且文件名形式如“账号 _4 位年份 2 位月份”。

保存电话账户信息的 JSON 文件内容形式如下（如 19977888999.json）。

```
{
    "account_no": "19977888999",
    "account_name": " 新时代 ",
    "open_date": "2017-10-18",
    "balance": 9999
}
```

保存通话记录的 CSV 文件（如 19977888999_202101.csv）内容形式如下。

```
2021/1/1 8:00:10,2021/1/1 8:10:23,13012345678,19977888999
2021/1/1 8:40:23,2021/1/1 8:43:56,13011112222,19977888999
```

直接人工查看 CSV 和 JSON 文件是不太方便的。能通过 Python 程序，把这些文件中的数据转换为易于浏览的网页吗？可以通过 Python 编程，将 JSON 和 CSV 文件中的数据汇集形成相互链接的一组网页。程序的处理框架如图 9-7 所示。

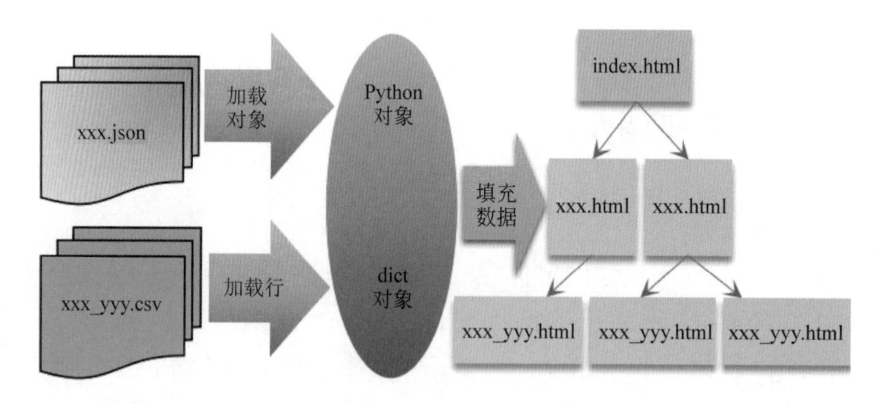

图 9-7　将 JSON 和 CSV 文件中的数据转换成一组相关网页的处理框架

在数据的源头方面，要将文件中的数据加载为 Python 程序中的数据。可以使用 json 库将账户对象加载为 dict 对象，以键 - 值对集合方式记录账户信息，通话记录则逐行加载，每行对应为一个 list 对象。从数据的去向来说，要利用 Python 中的对象数据，为模块填充数据从而生成网页。一个网页中除了账户数据和通话记录数据作为可变内容外，还有其他 HTML 标签等固定内容。HTML

文档仍然是文本文件，因此利用字符串类提供的文本处理功能实现填充或拼接 HTML 文档内容。按照网页主题内容的不同，设计表 9-2 列出的三种不同的网页——索引页、账户信息页和通话记录页。

表 9-2 三种目标网页

种　类	设计格式和内容
索引页	用表格展示账户列表，能链接到每一个不同账户的账户信息页
账户信息页	显示账户的详细信息，能链接到账户每个月的通话记录页和索引页
通话记录页	用表格展示账户月份通话记录，并能返回到账户信息页

要完成该程序的功能，需要考虑以下问题的解决和子功能的实现。

（1）在文件系统中通过文件名特征发现数据文件。

为了从文件系统中找到账户信息文件以及通话记录文件，程序需要使用 os 库和 re 库。通过列举工作目录下的文件（使用 os.listdir( ) 函数），以及利用正则表达式匹配文件名（使用 re.fullmatch( ) 函数），达到筛选和定位文件（例如 19977888999_202101.csv 表示账户 19977888999 在 2021 年 01 月的通话记录），为进一步从特定的文件中提取账户信息及通话记录信息奠定基础。例如：

```
for filename in os.listdir():          # 遍历工作目录下的所有文件名
  m = re.fullmatch(r'(1\d{10}).json', filename)
# 判断是否手机号作文件名的 json 文件
  if m:                                # 如果是这样的文件
    ...                                # 对这个账户信息文件做适当的处理
```

os 模块

os 模块是 Python 的标准库，是访问操作系统的进程管理和文件管理等方面功能的重要手段。os.listdir( ) 访问文件系统，列出指定目录（不带参数时为当前目录）下的文件列表。

（2）从 CSV 和 JSON 文件中加载 Python 对象。

读取 JSON 文件中的数据，参考如下代码模板。其中使用了 with 语句，以保证打开的 JSON 文件在操作正常结束时或者出现异常时都能自动关闭文件。

```
with open(json_file, encoding="utf-8") as jsonfile:  # 打开 JSON 文件
    json_obj = json.load(jsonfile)  # 从 JSON 文件中加载 Python 对象
    ...                             # 利用 Python 对象 (json_obj)

with open(csv_file, encoding="utf-8") as csvfile:    # 打开 CSV 文件
    reader = csv.reader(csvfile)  # 构造逐行读取 CSV 文件的 reader
    for row in reader:            # 读取 CSV 文件的每一行
        ...                       # 处理当前行 (row, 类型为 list)
```

（3）运用 Python 对象向目标网页填充数据。

可以利用 str.format( ) 方法将变量值填入点位符（槽）中，从而得到 HTML 文档的片段甚至是整个网页的内容。以填充索引页面中的一个账户信息为例，由于索引页面包括多个账户信息，可以使用表格来结构化账户列表。每一个账户的信息作为表格中的一行。如下语句将一个账户对象的信息填入“表格行”。

```
indexfile.write('<tr><td>{account_no}</td><td>{account_name}</td><td>\
    <a href="{account_no}.html">详情
  </a></td></tr>'.format(**account_info))
```

格式字符串中的 <tr> 和 <td> 等标签属于不变内容，而 {account_no} 的替换域则将会填入 str.format( ) 参数中 keyword 为 account_no 的参数值。语句中的 indexfile 指代用于写索引文件的文件对象。

账户信息处理时由于底层使用 JSON 文件，因此有键 - 值对的操作习惯，故而 Python 内部为 dict 对象，并且使用了 **obj 的对象拆解形式。而如果读取 CSV 文件，由于没有键而只有值的概念，因此 Python 内部对象为 list 对象，应考虑使用 *obj 的对象拆解形式。

按照向 HTML 代码模板中填充数据从而生成适当的 HTML 数据的做法，定义 gen_index_page( )、gen_account_page( ) 和 gen_call_log_page( ) 三个函数，分别生成表 9-2 所列出的索引页、账户信息页和通话记录页。

生成索引页的函数 gen_index_page() 程序代码如下。

```
def gen_index_page():
  with open('index.html', "w", encoding="utf-8") as indexfile:
    indexfile.write('<!doctype html><html><head><meta charset=
"utf-8"><title>账户信息</title></head><body><h1>账户列表</h1>')
    indexfile.write('<table><tr><th>账户号</th><th>账户名</th>
<th>操作</th></tr>')
    for filename in os.listdir():
      m = re.fullmatch(r'(1\d{10}).json', filename)
      if m:
        account_info = gen_account_page(m.group(1), filename)
  indexfile.write('<tr><td>{account_no}</td><td>{account_name}
</td><td>\
          <a href="{account_no}.html">详情</a></td></tr>'.format
(**account_info))
    indexfile.write('</table></body></html>')
```

程序以写方式打开了 index.html 文件，指定文件使用的字符编码为 UTF-8，这是网页使用非常广泛的一种编码。encoding="utf-8" 的参数指定不能忽略，否则有可能产生 GB2312 编码的网页文档。函数在最开始和最后多次使用形式为 indexfile.write(…) 的语句向 indexfile 所指代的索引页文件中写入大量 HTML 标签等内容，形成了网页的主体结构。除了 <html>、<head> 和 <body> 这些网页基本结构元素外，容易看出，使用 <table> 在网页中包括一个表格，还使用 <tr> 和 <th> 生成的表格的表头行。

函数主体中间的 for 语句负责了最为重要的填充数据任务。for 循环对列出的当前目录中每一个文件名，结合用正则表达式检查匹配，在遍历的过程中搜索账户信息的 JSON 文件。对于能够匹配文件名规则的 JSON 文件名，进一步调用 gen_account_page( ) 生成一个相应的账户信息页的 HTML 文档。除了生成 HTML 页面外，gen_account_page( ) 函数还返回账户信息。程序也在索引页中为一个账户用一个 <tr> 元素定义一个表格行，并填充数据，细节如上一页所述。值得注意的是，在表格行的单元格中产生了 <a> 标签元素，链接到名称为账户号的 HTML 文档，这样一来，在索引页中单击某一行账户信息的“详情”超链接时，能够跳转到相应的账户信息页，从而达到了更方便人阅读的网页导航。

类似地，生成账户信息页的函数 gen_account_page( ) 程序代码如下。

```
    def gen_account_page(account_no, json_file):
        ACCOUNT_PAGE_HTML_TEMPLATE = '''
            <!doctype html><html><head><meta charset="utf-8"><title>
账户信息 </title></head><body>
            <h1> 账户信息 </h1><ul><li><span> 账号号码：
    </span><span>{account_no}</span></li><li><span> 账户户名：
    </span><span>{account_name}</span></li><li>
            <span> 开卡日期：
    </span><span>{open_date}</span></li><li><span> 账户余额：
    </span><span>{balance}</span></li></ul>
            <a href="index.html"> 返回账户列表 </a>
            <hr><h1> 通话记录月份 </h1><div>{months}</div>
            </body></html>'''

        months_links = []
        for filename in os.listdir():
             m = re.fullmatch('({}_(\d{{6}})).csv'.format(account_no),
filename)
            if m:
                print(m.group())
                yearmonth = m.group(2)
                 months_links.append('<a href="{}.html">{} 年 {} 月
</a>'.format(m.group(1), yearmonth[:4], yearmonth[4:]))
                gen_call_log_page(account_no, yearmonth, m.group())

        with open(json_file, encoding="utf-8") as jsonfile:
            json_obj = json.load(jsonfile)
            with open("{}.html".format(account_no), "w", encoding=
"utf-8") as htmlfile:
            htmlfile.write(ACCOUNT_PAGE_HTML_TEMPLATE.format(**json_
obj, months=' '.join(months_links)))
            return json_obj
```

ACCOUNT_PAGE_HTML_TEMPLATE 是网页整体的模板，程序使用 **json_obj 形式的拆解把字典数据每项数据按照名称的方式填充到模块中对应的替换域。

类似于索引中定义一系列的超链接元素链接到每一个账户的账户信息页，账户信息页中也定义了一系列的超链接链接到当前账户每一个月的通话记录页。

生成通话记录页的函数 gen_call_log_page( ) 程序代码如下。

```
def gen_call_log_page(account_no, yearmonth, csv_file):
    with open('{}_{}.html'.format(account_no, yearmonth), "w",
        encoding="utf-8") as logfile:
        logfile.write('<!doctype html><html><head><meta charset=
"utf-8"><title>账户月份通话记录</title></head><body>\
            <h1>{}-{}年{}月通话记录</h1>'.format(account_no,
yearmonth[:4], yearmonth[4:]))
        logfile.write('<table><tr><th>通话开始</th><th>通话结束
</th><th>主叫</th><th>被叫</th></tr>')
        with open(csv_file, encoding="utf-8") as csvfile:
            reader = csv.reader(csvfile)
            for row in reader: logfile.write ('<tr><td>{}</td>
<td>{}</td><td>{}</td><td>{}</td></tr>'.format(*row))
        logfile.write('</table><a href="{}.html">返回账户信息</a>
</body></html>'.format(account_no))
```

当调用 gen_index_page( ) 时，程序能够级联地生成索引页、账户信息页和通话记录页，从而形成如图 9-8 所示的相互链接的网页内容。

从例子中可以看到，使用 Python 中的数据填充网页，能够形成更易于浏览和查看的网页。那么反过来呢？就像可以读取 CSV 文件和加载 JSON 文件中的数据一样，能不能读取和加载 HTML 文件的内容？毕竟承载着海量信息的 Web 中有大量的 HTML 页面。不用着急，第 10 单元——“数据爬取”将会为你揭晓答案。

本单元主要学习了 HTML 数据的格式规范以及处理方法，它的核心是一组既有的标签和相应的标记规范。把 Python 程序中的数据转换成 HTML 网页，数据变成了规范和方便发布的文档，你也在文件的格式和结构上多了一次练习！本单元后面的习题，有助于检验大家的学习效果，抓紧做一下吧。

账户列表

账户号	账户名	操作
13999888777	复兴	详情
19977888999	新时代	详情

账户信息

- 账号号码：19977888999
- 账户户名：新时代
- 开卡日期：2017-10-18
- 账户余额：9999

返回账户列表

通话记录月份

2021年01月 2021年02月

19977888999-2021年01月通话记录

通话开始	通话结束	主叫	被叫
2021/1/1 8:00:10	2021/1/1 8:10:23	13012345678	199777888999
2021/1/1 8:40:23	2021/1/1 8:43:56	13011112222	199777888999
2021/1/1 9:01:08	2021/1/1 9:08:33	19977888999	13012345678

返回账户信息

图 9-8　程序生成的相互链接的网页

1. HTML 文档中的根元素是（　　）。
   A. doctype　　B. html　　C. head　　D. body
2. 以下 HTML 标签在使用时没有结束标签的是（　　）。
   A. html 标签　　B. body 标签　　C. p 标签　　D. img 标签
3. 在需要表达二维表格数据时，**不属于**应使用的标签是（　　）。
   A. table 标签　　B. h1 标签　　C. td 标签　　D. tr 标签
4. 运行下列代码，程序的输出是（　　）。

```
rank, desc = '一二级', '侧重 Python 语言基础'
print('<h1>{}</h1><p>{}</p>'.format(rank, desc))
```

   A. <h1>{ }</h1><p>{ }</p>

B. <h1>rank</h1><p>desc</p>

C. <h1> 侧重 Python 语言基础 </h1><p> 一二级 </p>

D. <h1> 一二级 </h1><p> 侧重 Python 语言基础 </p>

5. 运行下列代码，程序的输出是（　　）。

```
import json
# 从字符串加载 JSON 数据
obj = json.loads(
    '{"rank":"一二级", "desc":"侧重 Python 语言基础"}')
print('<h1>{rank}</h1><p>{desc}</p>'.format(**obj))
```

A. <h1>rank</h1><p>desc</p>

B. <h1> 侧重 Python 语言基础 </h1><p> 一二级 </p>

C. <h1> 一二级 </h1><p> 侧重 Python 语言基础 </p>

D. 程序执行出错

6. 编写程序实现生成网页，要求如下。

（1）使用 open( ) 函数打开并使用 csv.reader( ) 读取文件 in.csv 内容。

（2）将 CSV 文件中每一行数据的第一列内容作为网页中的一级标题文本，将第二列内容作为网页中的段落文本，生成网页文件 out.html。

（3）生成的网页标题为“四季”。

说明：

（1）读入的文件 in.csv 和生成的网页文件 out.html 均为 UTF-8 编码。

（2）网页中的一级标题（h1）和段落（p）的顺序与 CSV 文件中的行顺序相同。

（3）生成的网页应符合 HTML 语法，并应包括 <html>、<head>、<body> 等结构元素，<h1> 和 <p> 元素直接出现在 <body> 中。

样例：

输入：

无键盘输入，in.csv 文件内容如下。

```
春季，春季排四季之首，新的轮回从此开启。
夏季，夏季万物至此皆盛，温度升高，天气炎热，狂风暴雨频发，万物盛长。
秋季，秋季是收获季节，意味着万物开始从繁茂成长趋向萧索成熟。
冬季，冬季，阴阳转变，万物由收到藏，植物生气闭蓄。
```

输出：

无控制台输出，out.html 文件内容如下。

```
<!doctype html><html><head><title> 四季 </title> </head> <body><h1> 春季 </h1><p> 春季排四季之首，新的轮回从此开启。</p><h1> 夏季 </h1><p>夏季万物至此皆盛，温度升高，天气炎热，狂风暴雨频发，万物盛长。</p><h1> 秋季</h1><p> 秋季是收获季节，意味着万物开始从繁茂成长趋向萧索成熟。</p><h1> 冬季</h1><p> 冬季，阴阳转变，万物由收到藏，植物生气闭蓄。</p></body></html>
```

第 10 单元
数据爬取

“小帅，我经常听到别人讨论 Python 时就说起‘爬虫’？它是什么啊？”

“Web 和网页里有很多数据，用一个 Python 程序，按照 HTTP 和 HTML 格式，去服务器上获取页面，解析和提取有用信息，就是‘爬虫’喽。”

Web 已经成为一个庞然大物，它成为一个信息网络和载体，在信息发布共享方面的作用日益突出并且已经得到极为广泛的应用。我们已经使用 Python 程序，将数据“填入”了网页，那么反过来呢？很有可能一个或者多个网站的大量网页中包含所感兴趣的信息，你会不会想要从这些网页中挖掘出这些信息，不是人工地打开浏览器查看网页，而是依靠程序脚本去获取 HTML 文档并加以解析。当从“人读”网页联想到“机读”网页时，所考虑的便是所谓的数据爬取了。

10.1 网络爬虫

1. 什么是网络爬虫

网络爬虫，是建立在对通信规则和网络资源的格式理解基础之上，自动抓取 Web 信息的程序和脚本。严格地说，数据爬取并不局限于 Web 这种数据来源，任何程序所产生的便于人阅读的输出形式均可以作为爬虫程序抓取数据的来源。因此这里所指的网络爬虫主要指 Web 爬虫或者网页爬虫。

Web 的核心价值在于基于超链接的信息网络，因此实际运用的 Web 爬虫程序，通常从一个网页出发，进一步抓取同一网站甚至是不同网站中的多个相关网页的数据。当然，抓取需求因人而异，归根结底，仍以单个网页上的数据抓取为基础。利用网页中的超链接，网络爬虫就真的可以在 Web 上“爬

行”了。

2. 数据抓取的基础

Web 数据抓取的基础便是 Web 的技术基础和标准。要编写网络爬虫，有必要了解 Web 最为核心的技术——HTTP、URL 和 HTML。如图 10-1 所示，网络爬虫的工作原理并不复杂，简单地说，就是借助 HTTP，连接服务器并下载 HTML 页面等资源，并对 HTML 文档加以解析。网站拥有 HTML 文档和其他格式的资源，下载非 HTML 格式的文件和下载 HTML 文档类似，不做更多说明。爬取的数据通常可能被保存为 CSV、JSON 格式文件，或保存在数据库中，以方便后续利用。

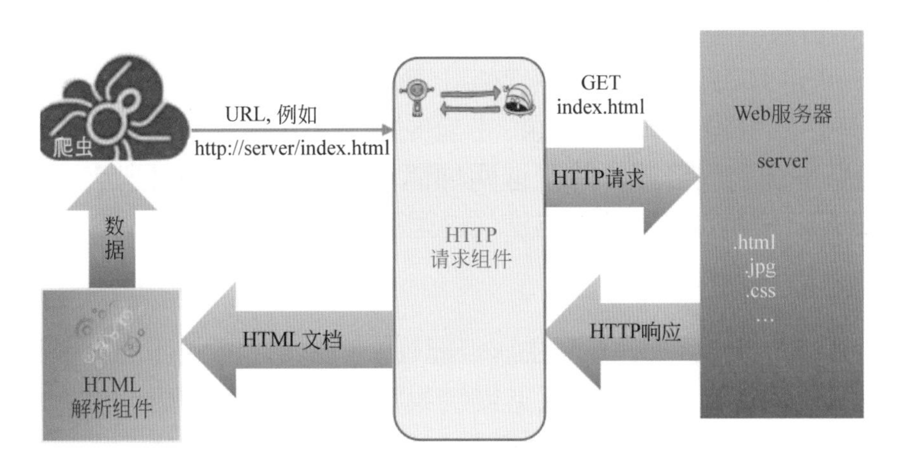

图 10-1　Web 爬虫的基本工作原理

图 10-1 中的爬虫首先要知道待抓取数据的页面的 URL。URL（Uniform Resource Locator）称为统一资源定位符。平时所说的“网址”即为 URL。参见如图 10-2 所示的 URL 结构，对“http://servername/index.html”这一 URL 可以这样理解：使用 HTTP 访问这样一个资源，它存放在名为 servername 的服务器根路径下，它的文件名是 index.html。

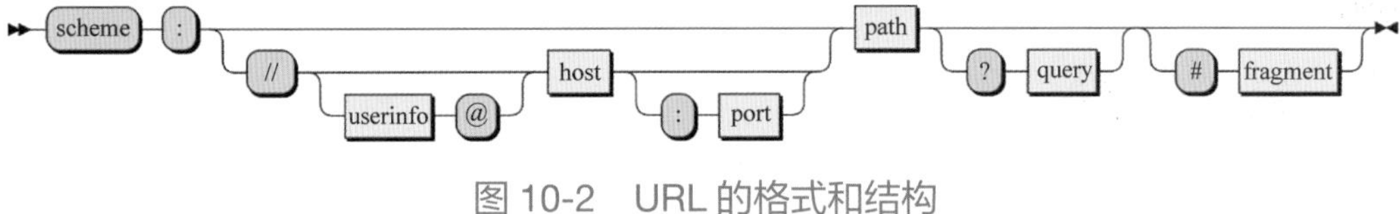

图 10-2　URL 的格式和结构

HTTP（超文本传输协议）是一种请求-响应式的通信协议标准，用于在客

户端和服务器之间传输 Web 资源。增加了 HTTP 的安全性的 HTTPS 也很常用。直接使用 HTTP 通信功能的组件所提供的 API 来编程，可以隐藏发送 HTTP 请求（Request）和接收 HTTP 响应（Response）等遵循协议的网络通信细节，从而简化编程。对于一个网页的访问而言，响应的内容就是一个 HTML 文档。通常使用 HTML 解析组件来解析 HTML 文档，并从中获取感兴趣的数据。简单地说，爬虫就是要借用 HTTP，访问以 URL 定位的资源，并且解析资源。HTML 相关内容已经在第 9 单元介绍，针对 HTTP 再补充两点必要的知识点。

（1）HTTP 请求方法。

HTTP 不仅关注资源的传输，还针对资源访问的方式和意图定义了不同的请求方法。最常用的请求方法有 GET 和 POST。GET 方法通常用于请求服务器发送某个资源，当用户在浏览器中单击网页中的超链接时，浏览器便会发送 GET 请求。POST 方法通常用它来支持 HTML 表单数据的传送，当用户在网页中填写用户名和密码并单击“登录”按钮时，浏览器便会发送 POST 请求，将填写的信息发送到服务器。除了这两种请求方法外，HTTP 还定义了 HEAD、PUT、DELETE 等其他多种请求方法，这里不展开介绍。

（2）HTTP 状态码。

也叫 HTTP 响应状态码，是由服务器在 HTTP 响应中给出的一个三位数的整数代码，代表了针对请求的服务或结果状态。最常见的莫过于 200 和 400 这两个状态码，200 表示成功（代表 OK 的意思），404 表示网页无法找到的错误（代表 Not Found 的意思）。当然，HTTP 标准还定义了很多其他状态码，没有必要一一列举。只要知道状态码都具有 1xx、2xx、3xx、4xx 和 5xx 的形式，并且第一位数字表示了状态的大类。第一位数字从 1 到 5 分别代表相应的状态是一个信息性状态码、成功状态码、重定向状态码、客户端错误状态码或服务器错误状态码。当调试和运行爬虫时，如果遇到不常见的代表错误的状态码，则有必要查阅相关文档，分析出错原因并进一步调整爬虫程序。

【问题 10-1】 发起的一个 HTTP 的请求收到相应的响应，细节如下。关于请求和响应的说明，不正确的是（　　）。

```
Request URL: https://www.baidu.com/?tn=98010089_dg&ch=2
Request Method: GET
Status Code: 200 OK
```

A. 请求使用的协议是 HTTPS
B. 连接的服务器域名为 www.baidu.com
C. 这是一个 GET 方式的请求
D. 响应的状态码为 200，表示一种错误

3. 适用于数据抓取的相关库简介

正如上面所提到的，网络爬虫需要 HTTP 请求组件和 HTML 解析组件。工欲善其事，必先利其器。这里先了解这两方面的常用组件。

（1）HTTP 请求组件 requests。

Python 标准库中自带有 urllib 库，此外，第三方库 urllib3、scrapy、requests 等，都是可供使用的组件，其中尤其以 requests 库使用最为广泛。当然，需要用“pip install requests”命令安装后才能使用 requests。

requests 组件兼具丰富的功能和编程的易用性。requests 官网称这个组件是给人类用的，突出它直观的 API 设计的强调溢于言表。不需要太多文档，就能轻松掌握 requests 库的使用。

使用 requests.get( ) 和 requests.post( ) 等方法向指定 URL 的 Web 服务器发送 GET 或 POST 请求。成功时，返回 Response 类型的响应对象。发起请求时，还可以通过参数 params（用于 GET）或者 data（用于 POST）携带参数或数据。

Response 的 text 属性可以访问 HTTP 响应中的文本内容，对于返回网页的情形，text 属性值就是网页自身。text 属性是 str 类型的，因此便于文本处理编程。而 content 属性是 bytes 类型的，即为原始二进制内容，因此更适用于非文本内容，例如，从服务器请求图片文件、PDF 文件时，就应该用 content 属性获取相应的文件内容。本单元主要介绍网页的爬取和解析，因此没有给出 content 属性的使用示例。

Response 对象的 url、status_code、reason、ok 和 encoding 等属性能够用于获取 HTTP 响应的状态等相关信息。url 属性记录了最终响应所对应的 URL。以 GET 为例，一般情况下，这个 URL 就是发起 GET 请求时的 URL。

而当使用 POST 请求或者服务器有重定向的控制，则通常响应对应的 URL 不同于请求时使用的 URL。status_code 和 reason 以整数代码和可读的短语来说明响应的状态，ok 属性对编程更加可取，因为编程人员不需要关注具体的整数代码，而直接使用 ok 属性判断这个响应是不是代表了没有出错的情况。encoding 属性比较特别，它不仅可以了解响应内容（content 属性）解码成文本（text 属性）所采用的编码，也可以在访问 text 属性前通过设置其值来控制响应内容的解析。

下面的程序展示了 requests 库的基本使用，给出上述方法和属性的示例。

```
>>> import requests
>>> r = requests.get('http://www.baidu.com')
>>> r, r.url, r.status_code, r.reason, r.ok, r.encoding
(<Response [200]>, 'http://www.baidu.com/', 200, 'OK', True, 'ISO-8859-1')
>>> r.text[:345]
'<!DOCTYPE html>\r\n<!--STATUS OK--><html> <head><meta http-equiv=content-type content=text/html;charset=utf-8><meta http-equiv=X-UA-Compatible content=IE=Edge><meta content=always name=referrer><link rel=stylesheet type=text/css href=http://s1.bdstatiC. com/r/www/cache/bdorz/baidu.min.css><title>ç\x99¾å°¦ä¸\x80ä¸\x8bï¼\x8cä½\xa0å°±ç\x9f¥é\x81\x93</title></head><body li'
>>> r.encoding='utf-8'
>>> r.text[:345]
'<!DOCTYPE html>\r\n<!--STATUS OK--><html> <head><meta http-equiv=content-type content=text/html;charset=utf-8><meta http-equiv=X-UA-Compatible content=IE=Edge><meta content=always name=referrer><link rel=stylesheet type=text/css href=http://s1.bdstatiC. com/r/www/cache/bdorz/baidu.min.css><title>百度一下，你就知道</title></head> <body link=#0000cc> <div i'
```

程序在导入 requests 库后，调用 requests.get( ) 函数访问百度的首页，程序运行的输出表明这一次请求被正确响应（可以看到 200、OK 等输出内容）。在使用响应对象默认用到的 ISO-8859-1 字符编码时，r.text 中有明显的乱码内容。在设置 r.encoding='utf-8' 后，r.text 能够正确包含中文文本。

为什么 requests 会出现乱码，为什么要将 encoding 属性设置为 utf-8？

requests 从响应的 Content-Type 首部数据 r.headers['Content-Type'] 中发现字符编码。如首部取值 'text/html;charset=UTF-8'，说明内容类型是 HTML，也说明了字符编码。取值为 'text/html' 时，则未说明字符编码。<meta http-equiv=Content-Type content=text/html;charset=utf-8> 也可以出现在网页的 <head> 中，即编码也能在 HTTP 响应内容中指定。r.apparent_encoding 属性保留了从响应内容检测的编码。编程时，如果用 r.encoding=None，则会用 r.apparent_encoding 中的编码解析内容。

【问题 10-2】 执行如下所示的语句序列，使用 requests 库获取一个网页的内容，并且响应的状态码是 200，下列选项中的哪一项最适合用于获取网页文本？（　　）

```
>>> import requests
>>> r = requests.get('https://paat.creacu.org.cn')
>>> print(r.status_code)
200
```

A. r.data　　　　B. r.text

C. r.content　　　　D. r.encoding

容易看出，网页使用 HTML 描述文档结构。因此，其中充斥了大量的标签。初看起来，标记的做法似乎影响了查看有用数据。但真的要感谢标记，它带来了定位感兴趣的数据的重要途径。这便是 HTML 解析组件的用武之地了。

（2）HTML 解析组件 Beautiful Soup。

解析 HTML 是比较复杂的。HTML 本身有元素（标签）相互嵌套和结束标签有时可以省略（部分元素甚至没有结束标签）等各种语法结构复杂性，即便是强大的正则表达式在这里也会困难重重。因此应考虑使用高质量的 HTML 解析库。

比较典型的 HTML 解析组件有 Beautiful Soup 和 pyquery 等。严格地说，Beautiful Soup 和 pyquery 不是解析器，而是建立在底层解析器上的 HTML/XML 文档访问库，这些库的主要便利在于能够更方便地访问文档的元素。Beautiful Soup 默认使用 Python 标准库中的 html.parser 解析器，pyquery 默认使用性能更好的 lxml 解析器。本单元介绍使用 Beautiful Soup 库解析 HTML。

使用“pip install beautifulsoup4”命令安装后才能使用 Beautiful Soup 库。编程时使用 BeautifulSoup( ) 函数，从 HTML 文档构造 BeautifulSoup 对象，构造的对象代表了一个被解析的文档。由于 HTML 元素具有嵌套的结构，这个被解析的文档通常具有树状结构，称为解析树。之后就可以用 BeautifulSoup 对象在解析树中导航、检索、修改解析树。

以使用 requests 所获取的百度网站首页为例，在浏览器中看到如图 10-3 所示的页面。其中，网页的标题是“百度一下，你就知道”，这是从浏览器顶端部分看到的。这个标题是通过 HTML 文档中 <head> 元素下的 <title> 元素来说明的。让我们看看，不借助浏览器，用 Beautiful Soup 库是怎么访问到这个信息的。

图 10-3　百度首页在浏览器中呈现的外观

```
>>> import requests
>>> from bs4 import BeautifulSoup
>>> r = requests.get('https://www.baidu.com')
>>> r.encoding='utf-8'
>>> soup = BeautifulSoup(r.text, features="html.parser")
>>> print(soup.title, soup.head. title, sep='\n')
<title>百度一下，你就知道</title>
<title>百度一下，你就知道</title>
>>> print(soup.title.text)
百度一下，你就知道
```

关于这段代码，说明以下几点。

（1）bs4 库中最重要的类型是 BeautifulSoup。成功构造 BeautifulSoup 对象时，便得到一棵解析树。构造 BeautifulSoup 对象时，可以指定包含 HTML 文档的 str 的参数，也可以把 open( ) 函数打开的 HTML 文档的文件对象作为参数。还可以指定 BeautifulSoup 使用的解析器，例如，BeautifulSoup(r.text, "html.parser") 指定使用 Python 内置的标准库，此外也可以指定 "lxml""html5lib" 等。BeautifulSoup 官方推荐使用 lxml 作为解析器。

（2）可以使用形如 soup.tagname 的形式，使用标签名在解析树中导航和定位元素。例如，soup.title 在解析树中定位得到 <title> 元素。甚至可以连续多次使用这种形式，沿解析树逐层向下，例如 soup.head. title。有没有注意到 “soup.title” 和 “soup.head. title” 都能够访问 HTML 文档的标题元素？前者更加突出地应用了 BeautifulSoup 的导航功能，而后者则指定了更为明确的路径。另外值得注意的是，用属性的表达形式，只会返回第一个相应的标签。由于 <title> 标签确实只存在一个，这不会导致什么问题。但如果想要导航到的标签在解析树中存在多个，那么就应该使用 find_all(tagname) 方法并且得到多个标签的集合。例如，要想得到文档中的所有 <div> 标签元素，可以使用 soup.find_all('div')。

（3）可以使用 text 属性得到一个元素的文本内容，相当于脱去了开始和结束标签。如果标签元素还有其他子标签元素，text 也会包含这些子标签元素的文本内容。此外，标签还有 name、contents、string 等常用属性，可以用于获取标签元素的名称、内容和文本等。需要注意的是，由于标签元素的内容可以是嵌入其中的标签元素，contents 实际是一个包含标签元素的 list。string 属性和 text 不同之处在于前者的类型是 NavigableString，后者是我们熟悉的 str 类型。NavigableString 是位于解析树中表示字符串的结点。

（4）虽然在上述代码片段中没有展示，但要知道，BeautifulSoup 的导航功能不仅能够在解析树中沿着自顶向下的方向从双亲结点向孩子结点导航，也可以自底向上从孩子结点向双亲结点导航，或者在水平方向上从一个结点向兄弟结点导航。这种不同的导航都有实际的作用。相关的导航方法在后续页面爬取示例中展示其使用。

这里只给出了使用 BeautifulSoup 库的基本方法和基本概念，想要了解更多的内容和示例，可以自行查找官方文档资料。真实的网络爬虫，对解析树的搜索是很有必要的，经常也会使用 CSS 选择器。

【问题 10-3】 执行如下所示的语句序列，打印 OK 字样的个数是(　　)。

```
from bs4 import BeautifulSoup
html = '<html><head><title>OK<title></head><body>\
<p>OK</p></body></html>'
soup = BeautifulSoup(html)
print(soup.title.text, soup.head. title.text, soup.p.text,
soup.body.text)
```

A. 1　　B. 2　　C. 3　　D. 4

10.2 页面爬取

试想你在想学习或查阅 HTML 元素（标签）时，看到了如图 10-4 所示的网页，这个页面整理了 HTML 的元素。也许还想知道 HTML 到底有多少种用标签表示的元素，并且想把这个列表保存起来，甚至是做成助记的小卡片。

剖析 HTML 文档结构，找到恰当的导航或者搜索解析树的方式，得到相应的标签，自动从中提取内容，感兴趣的数据就会被提取出来。

1. 恰当地表达定位元素的需求

不同于人在查看和阅读网页时，利用对版面、内容等各方面的常识和认识来帮助确定感兴趣内容位于何处，网络爬虫要想知道要提取的数据位于一个 HTML 文档的何处，需要清楚如何定位感兴趣的标签。可以首先根据人在浏览网页时的直观感觉来陈述关心的内容在哪里，再把这种位置的表达转换成技术性的表达。

一个标记和结构化良好的网页，通常能够更方便地表述如何定位标签。以示例网页来说，所关心的 HTML 标签名称整理在网页的表格中，并且位于表

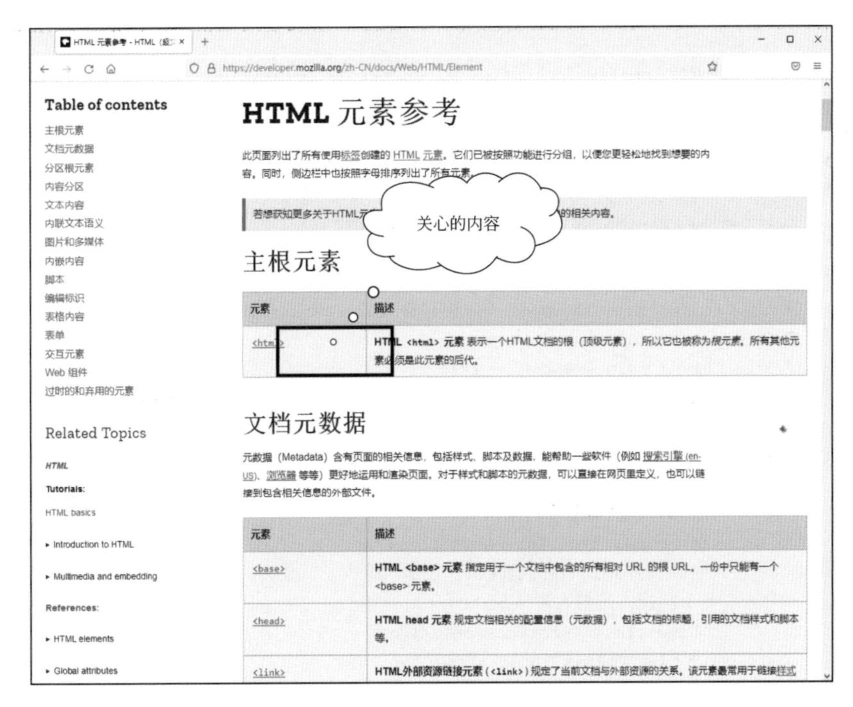

图 10-4　百度首页在浏览器中呈现的外观

格的第 1 列。这个网页按照标签的功能做了分组整理，也就是说，这个网页中有多个表格需要处理。通过使用浏览器的开发者工具（当前主流浏览器大都可以在按 F12 键后打开开发者工具）进一步了解该网页的 HTML 代码，观察如图 10-5 所示内容。可见，我们关心的标签名内容位于 HTML 文档很深的标签层次。用 HTML 解析树的视角来看，我们关心的标签 <td> 可以表述为“所有 <tbody> 标签下的所有 <tr> 标签下的第一个 <td> 标签”。

于是，可以书写以下程序代码来表达提取数据的目的。

```
    >>> r = requests.get('https://developer.mozilla. org/zh-CN/
docs/Web/HTML/Element')
    >>> soup = BeautifulSoup(r.text, features="html.parser")
    >>> for tbody in soup.find_all('tbody'):
        for tr in tbody.find_all('tr'):
            print(tr.td. text, end=' ')
    <html> <base> <head> <link> <meta> <style> <title> <body>
<address> <article> <aside> <footer> <header> <h1> (en-US), <h2>
(en-US), <h3> (en-US), <h4> (en-US), <h5> (en-US), <h6> (en-US)
<main> <nav> <section> <blockquote> <dd> <div> <dl>
    ...    此处省略其他更多输出内容
```

```
<!DOCTYPE html>
<html lang="zh-CN" prefix="og: https://ogp.me/ns#" class="os-default">
 ▶<head>…</head>
 ▼<body>
   ▶<script>…</script>
   ▼<div id="root">
     ▶<ul id="nav-access" class="a11y-nav">…</ul>
     ▶<div class="mdn-cta-container">…</div> flex
     ▼<div class="page-wrapper  category-html document-page">
       ▶<div class="main-document-header-container">…</div>
       ▶<div class="container">…</div>
       ▼<div class="main-wrapper"> grid
         ▶<nav id="sidebar-quicklinks" class="sidebar">…</nav> flex
         ▶<div class="toc">…</div>
         ▼<main id="content" class="main-content  "> flex
           ▼<article class="main-page-content" lang="zh-CN">
               <h1>HTML 元素参考</h1>
             ▶<div class="section-content">…</div>
             ▼<section aria-labelledby="主根元素">
               ▶<h2 id="主根元素">…</h2>
               ▼<div class="section-content">
                 ▼<div class="table-scroll">
                   ▼<table class="standard-table">
                     ▶<thead>…</thead>
                     ▼<tbody>
                       ▼<tr>
...                      ▼<td style="vertical-align: top;"> == $0
                           ▶<a href="/zh-CN/docs/Web/HTML/Element/html">…</a>
                           </td>
                         ▼<td>
                           ▶<strong>…</strong>
                             " 表示一个 HTML 文档的根（顶级元素），所以它也被称为"
                             <em>根元素</em>
                             "。所有其他元素必须是此元素的后代。"
                           </td>
                         </tr>
                       </tbody>
                     </table>
                   </div>
                 </div>
               </section>
             ▶<section aria-labelledby="文档元数据">…</section>
             ▶<section aria-labelledby="分区根元素">…</section>
             ▶<section aria-labelledby="内容分区">…</section>
             ▶<section aria-labelledby="文本内容">…</section>
```

图 10-5　借助浏览器的开发者工具功能辅助定位 HTML 元素

从程序输出来看，结果是相当理想的。虽然输出中发现有“(en-US)”这样的多余文本，只要使用 str.replace( ) 方法便很容易去除这些内容。

值得说明的一点是，HTML 文档中要出现小于号和大于号符号时，是使用字符实体引用 < 表示的。使用 BeautifulSoup 库编程时，使用 .text 访问文本

内容时，得到的是 BeautifulSoup 对这些字符实体引用的解码结果。这是推荐使用专门的 HTML 解析组件的又一个重要理由。

另外，这段代码虽然使用 for 语句（所有 <tbody> 标签下的所有 <tr> 标签）以及 BS4 的解析树导航（<tr> 下的第一个 <td> 标签）特性准确地表达了导航需求，但这种做法并不可取。因为这样的编程风格会让程序的语句和控制结构和导航需求过分相关，如果要定位的元素有别的位置特征，需要重写或改写代码，会导致爬虫程序不易于调整和维护，可复用性不高。这里推荐一种基于 CSS 选择器的做法，具体代码如下。

```
>>> for elem in soup.select('tbody tr td:first-child'):
    print(elem.text.replace('(en-US)', ''), end=' ')
<html> <base> <head> <link> <meta> <style> <title> <body>
<address> <article> <aside> <footer> <header> <h1> , <h2> , <h3> ,
<h4> , <h5> , <h6>  <main> <nav> <section> <blockquote> <dd> <div>
<dl> <dt> <figcaption> <figure> <hr> <li> <ol> <p>
...   此处省略其他更多输出内容
```

这里使用了 BeautifulSoup.select( ) 方法，指定了称为 CSS 选择器的参数值。CSS 选择器是网页开发中，使用 CSS 控制网页外观以及使用 JavaScript 编程时非常常用的一种选择 HTML 元素的技术手段，功能极强，使用极广泛。

2. 充分利用元素的属性和相关的其他元素

至此，已经可以自信地看到刚才的程序输出了，再处理一些细节，你真的可以让程序“数”出 HTML 中有多少种标签了（请尝试完成。当然，一定还会遇到一些有待处理的细节问题）。除了提取 HTML 标签名称外，能不能进一步提取出每种标签的名称、描述以及它所属的功能分组？能不能进一步爬取每种标签能够使用的属性有哪些？答案显然是肯定的！

（1）从一个元素位置为出发点思考相关的其他元素。

再次观察图 10-5，可以看到，关注的每一个 HTML 标签文本所在 <td> 元素位于一个 <div> 内部，而该 <div> 前有一个 <h2> 标签元素，其文本内容便是功能分组的名称。而关于该 HTML 标签的描述位于当前 <td> 的所在行(<tr>)的第二列，也就是说，<tr> 中的第二个 <td> 元素。

```
>>> tags = []
>>> for elem in soup.select('tbody tr td:first-child'):
    tagname = elem.text.replace('(en-US)', '').replace(',','')
    tags.append({ 'name': tagname, \
'category': elem.find_parent('section').h2.text , \
'description': elem.parent.find_all('td')[1].text})
>>> tags
[{'name': '<html>', 'category': '主根元素', 'description': 'HTML\xa0<html>\xa0元素表示一个HTML文档的根(顶级元素),所以它也被称为根元素。所有其他元素必须是此元素的后代。'}, {'name': '<base>', 'category': '文档元数据', 'description': 'HTML <base> 元素指定用于一个文档中包含的所有相对 URL 的根 URL。一份中只能有一个 <base> 元素。'}, ...此处省略其他更多输出内容
```

容易看出，tags 中已经保存了多个 dict 对象，每一个对象，都以键-值对的形式，记录了特定标签的名称、类别和描述。来自网页的数据已经进入 Python 程序了。

> 第 9 单元在 HTML 数据处理时主要是把 Python 数据转换为 HTML 文档，原来爬虫程序是“反其道行之”啊！

另外，也应该注意以下几点。

如何提取关于 HTML 标签元素的描述信息：使用 elem.parent 属性访问 elem 元素的双亲结点，本例中就是访问 <td> 的上级元素 <tr>。得到 <tr> 元素是为了自顶向下访问 <tr> 中的第二个 <td>，“.find_all('td')[1]”达到了这一目的。

如何提取关于 HTML 标签元素的类别信息：elem.find_parent('section') 从 elem 结点出发沿解析树向上的方向，找到第一个 <section> 标签元素，再使用“.h2”便可访问该 section 元素的第一个 <h2> 子元素。

（2）利用标签的属性值。

如果还想要爬得更深入，进一步发掘不同标签有哪些属性可供使用，则需要把网络爬虫从单页面的内容提取升级为主动遍历相关页面，达到真正的“爬取”。具有这种特征的爬虫更加发挥了爬虫的长处。这样的爬取方式也使得网

络爬虫常被称为网络蜘蛛。那么从何爬起呢？这就要用到超链接了。

再次观察图 10-5，<td> 标签元素中并不直接以标签名作为内容，而是包括超链接标签 <a>，也就是说，每一个标签名都有到达其他页面的链接。例如：

```
<a href="/zh-CN/docs/Web/HTML/Element/html"> <code> &lt;
html&gt;</code></a>
```

实现了链接文字到“/zh-CN/docs/Web/HTML/Element/html”的链接，并且这个链接属性是作为 <a> 标签的 href 属性值来表示的。如果能够分析每一个 HTML 标签名相关的链接得到另一个页面的 URL，访问另一个页面，访问每一个标签对应的所有页面，这张大网就算是爬成功了。

对元素对象以类似 dict 对象的用法能获取一个标签的属性，即通过属性名称作为键获取值。例如，假定变量 a 代表了一个 <a> 标签的对象，a['href'] 可以获取该 <a> 标签的超链接所指向的 URL。除此以外，Tag 对象还有一个 attrs 属性，是包括所有属性的 dict。

很多网站在链接到网站内部的其他资源时使用相对 URL，即 URL 不以 http 或者 https 等协议名称开始，例如“/zh-CN/docs/Web/HTML/Element/p”。需要利用这样的相对路径拼接出完整的绝对 URL。建议使用 Python 自带的标准库 urllib 形成绝对 URL。例如，下面的语句能够把响应对象的 URL 中的路径部分替换为 <a> 标签 href 属性中指定的路径，并得到新的完整 URL。

```
urlunparse(urlparse(r.url)._replace(path=elem.a['href']))
```

观察特定 HTML 标签的具体页面 HTML 文档，找到恰当的定位介绍 HTML 标签的各个属性的信息位于哪些标签中，找到恰当的 CSS 选择器，必要时搭配一些元素的访问代码，即可以获取相关信息。一个较为完整的代码示例如下。

```
import requests
from bs4 import BeautifulSoup
from urllib. parse import urlparse, urlunparse
import json


r = requests.get('https://developer.mozilla. org/zh-CN/docs/
Web/HTML/Element')
soup = BeautifulSoup(r.text, 'html.parser')
```

```
    tags = []
    for elem in soup.select('tbody tr td:first-child'):
        tagname = elem.text.replace('(en-US)', '').replace(',', '')
        link = urlunparse(urlparse(r.url)._replace(path=elem.a
['href']))
        attrs = []
        with requests.get(link) as page:
            doc = BeautifulSoup(page.text, 'html.parser')
            section = doc. select_one('section[aria-labelledby=
"属性"]')
            if section:
                dts, dds = section.find_all('dt'), section.find_all('dd')
                for dt, dd in list(zip(dts, dds)):
                    attrs.append({'attribute': dt.code.text if dt.code
else dt.text, 'description': dd. text})
                    break

        tags.append({'name': tagname, \
            'category': elem.find_parent('section').h2.text,
                    'description': elem.parent.find_all('td')[1].
text,\
                    'attributes': attrs})

    with open(r'C:\PythonDemo\HTML_Tags.json', "w", encoding=
"utf-8") as file:
        json.dump(tags, file, ensure_ascii=False)

    print("DONE!")
    r.close()
```

程序能将爬取到的 HTML 标签以及属性的描述信息保存在一个 JSON 文件中，方便后续其他方式的使用。

爬取整个网站甚至是多个网站的数据，信息来源更为丰富。但每个网页的 HTML 结构是否符合预期，提取的数据是否有效完备，也都需要验证和对比。

书写爬虫程序一定要对爬取页面的 HTML 文档有全面准确的认识。更加复杂的爬虫任务，可能还需要对多页面的爬取顺序有更巧妙的组织，甚至用到栈或者队列这样的数据结构。

本单元主要学习了数据爬取的编程，它的核心是利用 requests 库和 Beautiful Soup 库从服务器获取页面以及解析 HTML 文档。本单元后面的习题，有助于检验大家的学习效果，抓紧做一下吧。

习　题

1. HTTP 的请求方法不包括（　　）。
   A. GET　　B. POST　　C. PULL　　D. DELETE
2. 以下属于正确的 URL 形式的是（　　）。
   A. http:www.jd. com　　B. www:taobao.com
   C. https:\\www.xinhuanet.com　　D. http://www.people.com.cn/
3. 使用 requests.get( ) 获取一个网页得到状态码为 200 的 Response 对象 r 后，获取 str 类型的网页内容以及解析网页内容所使用的编码的属性是(　　)。
   A. content，charset　　B. text，encoding
   C. text，charset　　D. content，encoding
4. 有关 requests 库的使用的说明，不正确的是（　　）。
   A. requests 库属于第三方库，需要单独安装
   B. requests.get( ) 和 requests.post( ) 分别发起 GET 和 POST 请求
   C. requests 库发起的 HTTP 请求，支持携带参数或数据
   D. Response 对象 ok 属性仅当 status_code 为 200 时为 True
5. 有关 Beautiful Soup 库的使用的说明，不正确的是（　　）。
   A. 构造 BeautifulSoup 对象，相当于构造一个解析树
   B. BeautifulSoup 对象和标签对象的属性具有在解析树中导航的特点
   C. string 和 text 属性都访问标签元素的文本内容，完全等价

D. 标签中的文本内容也作为解析树中的一部分

6. 编写程序实现网页数据爬取，要求如下。

（1）使用 requests.get( ) 函数获取网页，网页的 URL 为“https://liulingbing.top/paat/in.html”。

（2）从网页中提取依次出现的四个季度的信息，其中，季度名称位于 <h1> 元素中，季度的描述位于紧随 <h1> 元素的 <p> 元素中。

（3）使用 csv.writer( ) 及 writerows( ) 将提取的四个季度的信息写入 CSV 文件，要求第一列写入季度名称，第二列写入季度描述信息。

说明：

（1）读入的文件 in.html 和生成的网页文件 out.csv 均为 UTF-8 编码。

（2）CSV 文件中的行顺序与网页中的一级标题（h1）和段落（p）的顺序相同。

样例：

输入：

无键盘输入，请求的 in.html 文件内容如下。

```
<!DOCTYPE html><html><head>
    <meta http-equiv="Content-Type" content="text/html;charset=UTF-8">
    <title> 四季 </title></head>
    <body><h1> 春季 </h1><p> 春季排四季之首，新的轮回从此开启。</p>
        <h1> 夏季 </h1><p> 夏季万物至此皆盛，温度升高，天气炎热，狂风暴雨频发，万物盛长。</p>
        <h1>秋季</h1><p>秋季是收获季节，意味着万物开始从繁茂成长趋向萧索成熟。</p>
        <h1> 冬季 </h1><p> 冬季，阴阳转变，万物由收到藏，植物生气闭蓄。</p>
    </body></html>
```

输出：

无控制台输出，out.csv 文件内容如下。

```
春季，春季排四季之首，新的轮回从此开启。
夏季，夏季万物至此皆盛，温度升高，天气炎热，狂风暴雨频发，万物盛长。
秋季，秋季是收获季节，意味着万物开始从繁茂成长趋向萧索成熟。
冬季，冬季，阴阳转变，万物由收到藏，植物生气闭蓄。
```

第11单元
向 量 数 据

"小帅，我有时会听到别人说 Python 科学编程中大量使用向量数据和向量计算，这是什么意思？"

"向量也可以叫数组，向量中保存着一组同类数据。听起来有点像序列，但很不相同。向量要求元素类型相同，而且向量计算是所有元素成批做统一的计算。"

11.1 向量是什么

1. 数学中的向量

向量（vector）是一个被广泛使用的词汇。通俗地说，向量是一种既有大小又有方向的量，又称为矢量。向量可以分解为不同维度或方向上的多个分量。打个比方，从二维平面的原点，向坐标点（1，2）画一条射线，这就是一个有距离有方向的量，而 1 和 2 就是 X 轴和 Y 轴的分量。

向量是由分量构成的，向量是整体参与运算的。例如，有向量 P1=(1,2) 和 P2=(2,4)，P1+P2=（3,6）是向量和向量相加，2×P1=(2,4) 是标量和向量相乘。

2. Python 标准库不能帮你走向向量

一个数值 90 或者 3.14，这些都叫单值。假想要处理的是 90 和 70 两个数构成的整体或者 70、80、70 三个数构成的整体，那么就应该考虑（90，70）或（70，80，70）这样的向量形式。在 Python 编程中，容易写出这样的代码：

```
a = [70, 80, 70] 或者  a = (70, 80, 70)
```

类似地，如果要表达（1,2）和（3,4）两个坐标点，可以这样表达：

```
a = [[1,2], [3,4]] 或者 a = ((1,2), (3,4))
```

但这远远不够，因为这些列表或元组（统称为序列）的表示形式，并没有达到向量应有的特征。Python 是一个面向对象的语言，掩盖了值的特征，在序列元素访问时，先取引用再在对象中取值，以及这些值可能在内存中不规律的分布，导致在数值计算方面性能的严重下降。更大的不足在于序列的运算遵循容器的操作习惯，显然，序列的 + 和 * 运算没有完成数学意义的加法和乘法计算。

```
>>> a, b = [1, 2], [3, 4]
>>> a + b, 2 * a
([1, 2, 3, 4], [1, 2, 1, 2])
>>> from array import array
>>> a, b= array('i', [1, 2]), array('i', [3, 4])
>>> a + b, 2 * a
(array('i', [1, 2, 3, 4]), array('i', [1, 2, 1, 2]))
```

即使 Python 标准库中提供了 array 类型，仍然不符合向量计算的数学需要。为什么 Python 在数值计算方面还会受欢迎呢？这还得归功于 NumPy。

3. 隆重介绍 NumPy

NumPy 是 Python 中科学计算的基础包。它是一个 Python 第三方库，提供多维数组对象，各种派生对象（如掩码数组和矩阵），以及用于数组快速操作的各种 API，有包括数学、逻辑、形状操作、排序、选择、输入输出、离散傅里叶变换、基本线性代数、基本统计运算和随机模拟等。NumPy 包的核心是 ndarray 对象，它封装了 Python 原生的同数据类型的多维数组，为了保证其性能优良，其中有许多操作都是代码在本地进行编译后执行的。

当前热门的人工智能、数据科学、机器视觉等，大都使用了 NumPy 作为其数值计算库，这是缘于它所提供的多维数组及其上丰富且高性能的计算。通过 NumPy 的使用，Python 编程者可以用更接近数学语言的形式表达运算。NumPy 也把这种数据的表达和处理称为向量化。向量计算的特征如图 11-1 所示。

和 Python 自带的 array 类型相比，NumPy 的 array 显示有着不同的运算规则，这种规则让 NumPy 更加适用于向量化的数值计算。

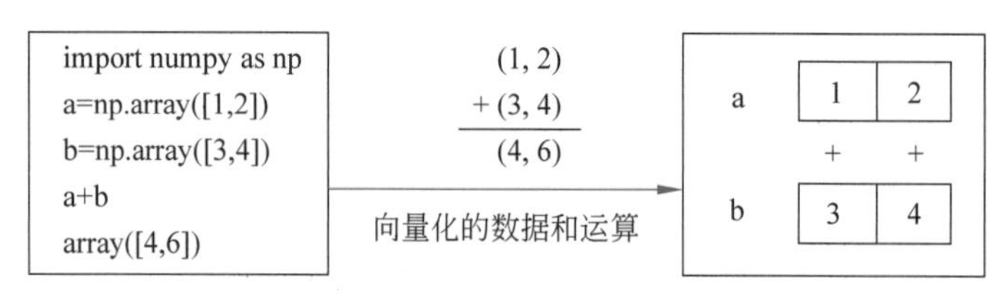

图 11-1　利用 NumPy 进行向量计算

11.2　向量的创建

要使用 NumPy 进行数值计算，首先要表达或构造向量化的数据。NumPy 提供了多种多样的方式，可以灵活地创建向量化数据。

1. 在 NumPy 中创建数组

向量化的数据，在 NumPy 中称为数组。因此，本单元所述的向量数据，具体的就是 NumPy 的数组数据。在后续介绍中，可以认为向量和数组是同义词。NumPy 基础上的 ndarray（n-dimensional array）类型，不仅可以保存一维数组的数据（例如 a = np.array([1, 2])），还可以表示二维、三维甚至是更多维度的数据。下面结合示例认识在 NumPy 中创建数组的具体方式。

（1）使用现有序列数据创建数组。

可以使用 np.array( ) 方法，利用现有序列数据创建一维或多维数组。

```
a = np.array([1, 2])
```

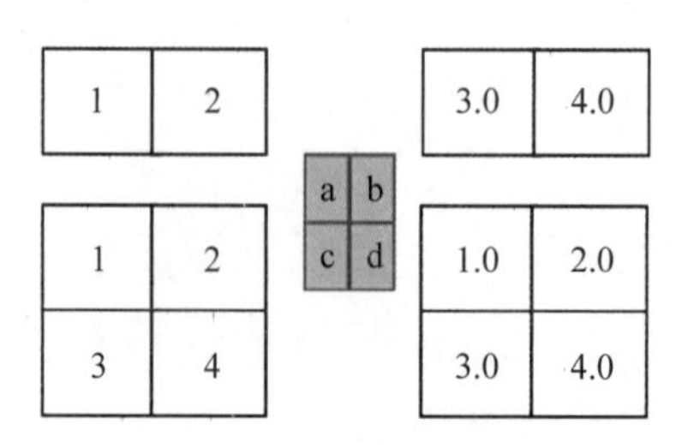

图 11-2　创建的数组

根据一个列表中的数据构建一个一维数组，所创建的数组有类似于图 11-2(a) 中的形式。注意，参数“[1, 2]”中的“[ ]”不能省略。

```
b = np.array((3.0, 4.0))
```

创建一个一维数组，该数组中的元素是浮点数。不仅可以使用列表作为参数提供一组值，元组也可以。所创建的数组有类似于图 11-2(b) 中的形式。

```
c = np.array([[1, 2], [3, 4]])
```

创建一个二维数组。传递的参数是列表的列表。NumPy 能够发现这种嵌套的特点并构造出相应的二维数组。所创建的数组有类似于图 11-2(c) 中的形式。

```
d = np.array([[1, 2.0], [3.0, 4]])
```

创建一个二维数组。虽然参数中有整数和浮点数混合的情况，但 NumPy 要求一个数组中的元素具有相同的数据类型，并且自动将整数向浮点数“看齐”，因此该数组中的元素都是浮点数。所创建的数组有类似于图 11-2(d) 中的形式。

二维数组甚至多维数组如何理解?

可以把一维数组想象成一个数轴方向上的若干个数值，也就是一维数组对应于“线”的形象特征。二维数组，通俗地常说行列，即由若干行、若干列的元素组成数组，相当于推广到“面”。类似地，三维数组可以推广到“体”。四维等更高的维度可能不易于形象化，但可以借助数学的抽象思维来理解。

NumPy 创建向量的方法很多。例如，可以从文本中解析内容作为数组元素，也可以从文件中加载向量数据。本单元主要使用以序列数据构造数组。

（2）自动创建数值区间的数组。

在科学计算中，经常在一个区间上形成等差数列或者等分区间来产生数列，此时可以使用按指定步长或等分区间数的方式创建数组元素。例如：

```
x = np.arange(10)        # 创建的数组内容为 [0,1,2,3,4,5,6,7,8,9]
```

```
x = np.arange(1, 8)    # 创建的数组内容为 [1, 2, 3, 4, 5, 6, 7]
x = np.arange(1.5, 6) # 创建的数组内容为 [1.5, 2.5, 3.5, 4.5, 5.5]
x = np.arange(1, 10, 2)    # 创建的数组内容为 [1, 3, 5, 7, 9]
```

关键例程：numpy.array(object, dtype=None)

本例程利用参数 object 中的数据，自动创建一个一维或多维的数组。object 参数通常为 Python 中的一个序列（例如列表或元组），也可以是 NumPy 的 array 对象。dtype 参数指示数组元素的数据类型，如果没有指定该参数值，则 NumPy 自动根据 object 中所含数据的类型决定数组元素的数据类型。如果指定了 dtype 参数，则以该参数为准（可能导致数据类型转换甚至是部分信息的丢失）。例如，“np.array([1, 2.9], np.int)”所创建的数组实际包括 1 和 2 两个整数值。

类似于 Python 的内置函数 range( )，使用 np.arange( ) 函数可以产生一系列间隔的数值。上述例子都产生了左闭右开区间范围的一组数值，默认的间隔步长是 1。而从最后一个语句中看出，也可以指定步长为 2 或其他需要的值。

关键例程：

numpy.arange([start,]stop, [step,]dtype=None)

该例程用于产生相等间隔的一组数值，作用类似于 range( )。和 range( ) 只支持整数值的情况不同，NumPy 也支持形成等步长分隔的一系列的浮点数值。

实际上，np.arange( ) 强调是等步长，并不是等分区间。这在步长对分段数更被关注或者更易于理解时比较有用。如果想要按照等分区间的规则产生多个取样值，就应考虑使用 numpy.linspace( ) 函数。例如：

```
x = np.linspace(0, 1, num=11)
```

创建的数组为 [0., 0.1, 0.2, 0.3, 0.4, 0.5, 0.6, 0.7, 0.8, 0.9, 1.]，其中包括 11 个浮点数值。其中第一个数值是 0.0，最后一个数值是 1.0，每两个数以 1/10 为间隔。和 np.arange( ) 不同，np.linspace( ) 默认会包括终点值（作为数组的最后一个元素）。

如果后续会使用 np.linspace( ) 产生数组所使用的间隔步长值，指定参数 retstep=True，函数会以元组返回数组以及步长。例如，“np.linspace(3, 30, 41, retstep=True)”会返回一个元组，元组的第二个元素是 0.675，即为步长。

关键例程：

```
numpy.linspace(start, stop, num=50,
endpoint=True, retstep=False, dtype=None)
```

该例程用于在 [start，stop] 闭区间上产生相等间隔的一组数值。参数 start 和 stop 指定区间起点和终点。num 为产生的样本个数，默认值为 50。endpoint 指示要不要在产生的数组中包括终点值，默认为 True，指定为 False 时终点值不在数组中。retstep 指示要不要返回使用的步长，默认不返回。

例如，可以让计算机根据一系列的 x 值，计算相应的 sin(x)，并进一步绘制出函数在一个周期内的图像。这一系列的 x 值，可以取 0 和 2π 作为起点和终点值。代表样本个数的 num 参数值由计算或可视化的需要确定，样本数目越多，计算出的离散的函数值就越多，绘制函数曲线时就越细致。

linspace 中的 lin 是什么？

linspace( ) 产生线性间隔的数组。NumPy 中还提供一些其他的间隔的规则。例如，logspace( ) 能创建对数间隔的数组，geomspace( ) 能够创建几何级数间隔的数组。在信号处理等工程领域某些场合，利用这些间隔产生的数组可能比线性间隔的数组更加有用。

【问题 11-1】 假设已经使用语句“import numpy as np”导入 numpy 库，如果需要产生一个包括 1.5，2.5，3.5，4.5，5.5 这一系列数据的数组，以下选项中，**不能**创建这样数组的语句是（　　）。

A. a=np.array([1.5, 2.5, 3.5, 4.5, 5.5])

B. b=np.array((1.5, 2.5, 3.5, 4.5, 5.5))

C. c = np.arange(1.5, 5.5)

D. d = np.linspace(1.5, 5.5, num=5)

（3）创建指定形状的数组。

在 NumPy 中也有一些创建数组的方法，允许指定所创建数组的“形状”，

还可以从现有数组方便地创建与之形状相同的数组。

例如，可以使用以下语句创建数组。

```
np.empty([3, 3])     或者    np.empty((3, 3))
```

该语句创建3行3列的二维数组。也可以创建一维或更多维度的数组，例如：

```
np.empty(3)                # 创建包括 3 个元素的一维数组
```

np.empty([3，4，5]) # 创建三维数组，三个维度的长度依次是 3，4，5

还可以用一个指定值初始化所有元素。例如，创建一个 3 行 3 列的并且元素均为 0 的二维数组，一个 2 行 3 列并且元素均为 1 的二维数组，可以使用：

```
a, b = np.zeros([3, 3]), np.ones([2, 3])
```

需要说明的是，zeros( ) 和 ones( ) 方法创建的数组中真正存储的数值是浮点数，即 0.0 和 1.0。也可以用 dtype 参数说明数组元素的数据类型。例如：

```
a, b=np.zeros([3, 3], dtype=np.int), np.ones([2, 3], np.int)
```

还可以用 np.full( ) 函数让创建的数组元素填充成统一的指定值。例如：

```
c = np.full(3, 3) # 创建的数组内容为 [3, 3, 3]
```

注意上面的语句并不是创建 3 行 3 列的二维数组，这是因为第一个参数 3 指定了数组的形状（包含 3 个元素的一维数组），第二个参数 3 指定填充值。

针对刚才举例的函数，NumPy 还提供了一系列的 *_like( ) 函数，用以创建与指定数组形状相同的新数组。例如：

```
d = np.full_like(c, 2) # 数组为 [2, 2, 2]，元素值为 2，"形"同于 c
```

*_like( ) 函数的第一个参数并不要求是 ndarray 对象，NumPy 会尽可能从中推测出数组应有的形状。例如：

```
a = np.ones_like(12)          # 数组为 0- 维数组，值为 12，a. shape 为 ()
a = np.ones_like((2, 3))      # 数组的形状为 (2,)，注意并非 2 行 3 列数组
```

以下将刚才提及的几个函数整理在表 11-1 中备查。

表 11-1　可以指定数组形状和元素初始值的一组创建数组的函数

函　　数	函　　数
empty(shape, dtype=float)	empty_like(prototype, dtype=None)
full(shape, fill_value, dtype=None)	full_like(a, fill_value, dtype=None)
zeros(shape, dtype=float)	zeros_like(a, dtype=None)
ones(shape, dtype=None)	ones_like(a, dtype=None)

除了这里介绍的创建数组的方式，NumPy 还提供了很多其他的函数用于创建数组，将在具体用到时予以介绍。查看 NumPy 官方文档或其他资料非常有助于进一步的学习和掌握。

2. NumPy 数组的一些重要属性

数组对象（ndarray 类型）有一些重要的属性，通过它们可以了解数组的维度和元素数据类型等信息，有的属性能够为访问该数组提供其他便利。表 11-2 列出了几个相关属性。

表 11-2　数组对象的重要属性

属　　性	描　　述
ndim, shape, size	获取数组维度的个数、各个维度的长度以及数组中的元素个数。shape 属性还可以修改，从而将数组变形成其他的形状
dtype, itemsize	获取每个元素的数据类型和占用空间的字节数
flat	一维迭代器，方便以一维索引序号访问多维数组的元素
T	转置数组。m 行 n 列的二维数组转置为 n 行 m 列的二维数组

下面的程序展示了这些属性的意义。

```
>>> a = np.array([[1, 2, 3], [4, 5, 6]]) #创建一个 2 行 3 列的二维
                                         #数组
>>> a. ndim, a. shape, a. size   #数组的维数、形状（各维度长度）和
                                  元素个数
(2, (2, 3), 6)
>>> a. dtype, a. itemsize #元素是 32 位整型，每个元素占据 4 字节空间
(dtype('int32'), 4)
>>> a[1][1], a. flat[4]    # 二维数组的第 2 行第 2 列元素是 5
(5, 5)                     # 一维迭代器访问二维数组所有元素中的第 5 个
```

```
>>> a. T                        #2 行 3 列二维数组的转置为 3 行 2 列的数组
array([[1, 4],                  # 转置数组中第 i 行第 j 列的元素
       [2, 5],                  # 是原数组中第 j 行第 i 列的元素
       [3, 6]])
```

【问题 11-2】 假设已经使用如下语句创建了两个 NumPy 数组，以下选项中的说明**不正确**的是（　　）。

```
import numpy as np
a = np.zeros([3, 3], dtype=np.int)
b = np.ones([4, 4], dtype=np.int)
```

A. a. dim 的值是 2　　　　B. b. shape[1] 的值是 4

C. a. dtype == b. dtype 为 True　　　　D. a. shape == b. shape 为 True

1. 数组的索引和切片

类似于 Python 的序列类型，NumPy 数组同样支持索引和切片操作。

Python 在序列对象上的索引和切片运算表达习惯，在 NumPy 一维数组中都被继承了。以下重点展示 NumPy 的扩展。

```
>>> a = np.array([[1, 2, 3, 4], [5, 6, 7, 8], [9, 10, 11, 12]])
                          # 创建 2 行 3 列的二维数组
>>> a[0]                  # 当二维数组只给定一个下标时，访问降低一个维度的数组
array([1, 2, 3, 4 ])      # 此处相当于访问第一行，第一行是一个一维数组
```

```
>>> a[1, 2], a[1][2], a[(1, 2)]     # 指定二维数组两个下标时，访问具
                                    # 体的元素
(7, 7, 7)                  # 三种表达形式等价，并且推荐第一种
>>> a[1:]                  # 得到二维数组的后两行
array([[ 5,  6,  7,  8],
       [ 9, 10, 11, 12]])
>>> a[1:, :1]              # 切片推广到二维，行上取后两行，列上取第一列
array([[5], [9]])
```

NumPy 还提供了两种非常独特的用数组作为索引依据的索引能力——索引数组和掩码数组。为了便于理解，以一维数组上的索引举例。

```
>>> a = np.arange(1, 20, 2)        # 在 [1,20) 区间上以步长 2 创建数组
>>> a
array([ 1,  3,  5,  7,  9, 11, 13, 15, 17, 19])
>>> b = np.array([4, 0, 4, -1])    # 用列表内容创建数组
>>> a[b]                           # 数组 b 作为索引访问数组中的元素
array([ 9,  1,  9, 19])  # 得到的数组元素依次为 a[4],a[0],a[4],a[-1]
>>> a[[4, 0, 4, -1]]     # 直接以 Python 列表作为索引，效果相同
array([ 9,  1,  9, 19])
```

当使用 Python 的列表作为索引数组时，内部会先转换成 NumPy 的数组。用数组作为索引依据，能够产生对切片更加灵活的表达（切片主要用于索引连续或等间隔位置的元素）。索引数组和切片类似，仍然以索引位置为依据，但能够提供比常规切片更加灵活的位置序列，非常适合表达更加通用的按位置且可重复的选取元素的意图。

下面的语句展示了掩码数组的作用。

```
>>> c = a % 3 == 0
>>> c
array([False,  True, False, False,  True, False, False,  True,
False, False])
>>> a[c]
array([ 3,  9, 15])
```

掩码数组（也叫布尔数组）的形式和索引数组使用形式类似，但意义更

加特别。可以理解为，将掩码数组（如例子中的 c）和原数组（如例子中的 a）重叠放置（掩码数组和原数组形状相同），对应于掩码数组为 True 的情况，选取或者保留原数组中的数据在结果数组中。而本例中的掩码数组 c 的形成使用了在向量数据中处理（后续详细描述），根据原数组 a 中的各个元素是否能够被 3 整除，计算出了包含一系列的值为 True 或 False 的元素的数组。因此，掩码数组非常适合表达一种在数组上按条件筛选的意图。

Python 的切片引用部分可以赋值，从而能够产生列表被增长、缩短，列表本身也支持添加和删除元素。但 NumPy 的数组是固定长度的。因此，在 NumPy 中对数组的操作语法与 Python 对列表的操作语法存在着一些不同。

【问题 11-3】 执行如下语句后，程序的输出结果是（　　）。

```
import numpy as np
a = np.arange(0, 18, 3)
print(a[a % 2 == 0])
```

A. [0, 3, 6, 9, 12, 15]　　B. [True, False, True, False, True, False]
C. [0, 6, 12]　　D. [3, 9, 15]

2. NumPy 数组的形状调整

除了使用上述属性了解数组的维度和形状等属性外，NumPy 也支持在不改变底层数组数据存储的情况下，以不同的形状来看待和使用现有数组的数据，甚至个别方法能够实际改变已有数组对象的形状。具体如表 11-3 所示。

表 11-3　数组形状调整的相关操作

方法或函数	描　述
reshape()	以另一个形状特征的视图查看现有数组数据（需要保证数组元素个数不变，例如，原数组有 12 个元素，可以以 1×12，2×6，3×4，4×3，6×2 或者 12×1 的形状访问该数组）。方法调用后，原数组并不会发生形状的变化。 返回视图和返回一个新数组的不同之处在于，如果原数组的内容变化，通过视图所感受到的数组中的数据也会变化。 该操作可用 ndarray 对象的方法或 np.reshape() 函数形式调用

续表

方法或函数	描　　述
resize()	修改数组的大小。 np.resize(a,shape) 形式调用时，返回一个新数组而不改变原数组 a 的大小；a.resize(shape) 形式调用会改变原数组 a 的大小
swapaxes()	交换多维数组的任意两个维度，返回的是该数组的视图。可以以 ndarray 对象方法或者 np swapaxes() 形式调用
flatten()	返回一个平面化处理的数组的拷贝，可以将多维数组降低为一维数组。只支持 ndarray 对象方法形式调用
ravel()	返回一个平面化处理的数组，可以将多维数组降低为一维数组。可以以 ndarray 对象方法或者 np.ravel() 函数形式调用。不同于 flatten() 总是返回数组的拷贝，也不同于 reshape(-1) 总是返回视图，ravel() 默认返回视图，必要时才返回拷贝

值得注意的是，表 11-3 中只有 ndarray.resize( ) 方法实际调整原数组的形状和大小，其他方法则会返回指定形状和大小的新数组。给出例子如下。

```
>>> a = np.arange(1, 7).reshape(2, 3) # 1行6列的数组调整成2行3列
>>> a
array([[1, 2, 3],[4, 5, 6]])
>>> a. swapaxes(0, 1) # 交换axis=0和axis=1两个维度，即交换行列
array([[1, 4], [2, 5], [3, 6]])
>>> a. flatten()                 # 平面化处理，达到降低到一维的效果
array([1, 2, 3, 4, 5, 6])
>>> b = a. reshape([3, 2]) # 将原2行3列数组a变形为3行2列的数组b
>>> b
array([[1, 2], [3, 4], [5, 6]])
>>> a                      # 注意a. reshape()并没有修改a数组的形状
array([[1, 2, 3], [4, 5, 6]])
>>> a[0, 0] = -1           # 修改的是a[0][0]元素，观察b[0][0]是否变化
>>> b
array([[-1,  2], [ 3,  4], [ 5,  6]]) # b[0][0]是-1，体会"视
                                      # 图"含义
>>> a. resize([3, 2]) # a. resize()会改变数组a的形状
>>> a
array([[-2,  2], [ 3,  4], [ 5,  6]])
```

注：这里的输出有格式调整（二维数组默认每行元素各占一行，这里排版上并入同一行）。

3. 向量数据的运算

NumPy 中的向量数据能够进行算术运算、关系运算、逻辑运算等很多不同类型的向量运算，也为特定的科学技术研究和工程领域提供随机数生成、线性代数例程和傅里叶变换等高级的数值计算工具。

（1）正确理解运算符表示的运算意义。

就像数值可以做算术运算、比较运算、逻辑运算等不同类型的运算一样，NumPy 中的向量也支持多种运算。例如：

```
>>> a = np.arange(1, 6)      # 数组内容为  [ 1,  2,  3,  4,  5]
>>> b = np.arange(-2, 3)     # 数组内容为   [-2, -1,  0,  1,  2]
>>> a + b                    # 结果为      [-1,  1,  3,  5,  7]
array([-1,  1,  3,  5,  7])# 来源于 a,b 数组中元素按位置对应元素相加
>>> np.full([5], 2) * a      # 用 [2, 2, 2, 2, 2] 和 a 按元素位置对应
                             # 元素相乘
array([2,  4,  6,  8, 10])
>>> 2 * a                # 数乘（或标量乘）,类似于数组 [2, 2, 2, 2, 2]*a
array([2,  4,  6,  8, 10]) # 实际上，NumPy 并不会真的创建包含 5 个 2
                             # 的数组
```

从上面的例子可以看到，就像 NumPy 在运算中同样强调向量化，要理解数组的运算，就要理解一个数组对象上的运算被实施为内部逐元素的相应运算。类似于 2*a 的示例，概念上相应于有长度为 5 的数组和 a 做对应元素的乘运算。当参与运算的是不同形状的数组时，要先将其拉伸为匹配的形状，这称为广播。

（2）常用的基本运算。

Python 中典型的算术运算符有 +、-（减）、*、/、//、%、** 和 -（求相反数）等，在 NumPy 中均受到支持，不再赘述。需要说明的是，针对这些运算，NumPy 也提供了相应的函数，如 add( )、substract( )、multiply( )、divide( )、floor_divide( )、reminder( )（也可使用别名 mod( )）、power( )、negative( ) 等方法，分别与上述运算符的功能对应。

基本运算的函数版本参数习惯

以 add( ) 和 + 运算符的对应为例，这些函数普遍具有类似的调用形式：

```
numpy.add(x1, x2, out=None)
```

参数依次是参与运算的两个数组以及运算结果的保存位置。如果不指定 out 参数，则函数以新的数组返回计算结果，否则会将结果保存在 out 所指定的数组对象中。因此 np.add(a, b, a) 的意义是把 a+b 的结果保存在 a 中。也可以使用 a += b 的复合赋值语句形式，效果等价。

NumPy 也提供了比较运算符、逻辑运算符等相对应的一些逻辑函数。less( )、less_equal( )、greater( )、greater_equal( )、equal( )、not_equal( ) 等函数可以实现大小比较或者是否相等的比较。考虑到对浮点数的比较的向量化计算需要，还提供了 isclose( ) 和 allclose( ) 这样的函数。从数组整体比较的目的考虑，还提供了 array_equal( ) 比较两个数组是否形状相同且元素相同。

在逻辑运算方面，提供了 logical_and( )、logical_or( )、logical_not( )、logical_xor( ) 可以实现向量数据上的与、或、非以及异或运算。其中，与和或运算 logical_and( ) 及 logical_or( ) 也可以使用 & 和 | 的运算符形式。NumPy 还提供了两个特别的函数 all( ) 和 any( )，可以用于检查数组中的所有元素（或者多维数组中的某些维度的元素）是否全为 True 或存在 True 的情况。这两个函数可以通过 np 的方法或者数组的方法形式调用。类似于 Python 的 if-else 运算符，NumPy 也提供 np.where( ) 函数实现向量数据上逐元素的 if-else 运算。

向量版本的算术运算和逻辑运算，可以结合下面的例子加以理解。

```
>>> a = np.arange(1, 6)          # 数组内容为 [1,  2,  3,  4,  5]
>>> b = np.array(a[::-1])        # 数组内容为 [5,  4,  3,  2,  1]
>>> np.add(a, b)
array([6, 6, 6, 6, 6])
>>> a >= b, np.greater_equal(a, b) # 等价，运算符形式和函数调用形式
(array([False, False,  True,  True,  True]), array([False,
False,  True,  True,  True]))
>>> a <= b, np.logical_not(a>b)      # 两者作用相同
```

```
    (array([ True,  True,  True, False, False]), array([ True,
True,  True, False, False]))
    >>> c = (a >= b) & (a <= b)                  # 两者等价
    >>> d = np.logical_and(a >= b, a <= b)  # 两者等价
    >>> c, c. all(), d. any() # 对应元素是否相等，是否全部相等，或存在相等
    (array([False, False,  True, False, False]), False, True)
    >>> np.where(a > b, a, b) # 数组 a 和 b 对应位置上的大值
    array([5, 4, 3, 4, 5])
```

（3）一些重要的数学函数。

类似于 Python 标准库 math 提供了数学中指数函数、对数函数、三角函数等不同类型的多个函数。表 11-4 中列举了一些常用的函数。

表 11-4　NumPy 提供的常用数学函数

分类	函　数	描　述
和、积、差	sum(), prod(), diff(), gradient()	沿维度方向累加、累乘和求相邻元素差值。gradient() 提供类似导数的梯度计算结果，能够衡量函数变化快慢
指数	exp(x)	以 e 为底计算数组中各个元素的指数
对数	log(x), log2(), log10()	计算以 e、2 或 10 为底数各元素的对数
三角函数	sin(), cos(), arctan(), arctan2() 等	基本是 Python 的 math 库的向量化版本。arctan 是反正切函数 $\left(\tan\text{ 的反函数，值域为 }\left(-\frac{\pi}{2}, +\frac{\pi}{2}\right)\right)$，如果要得到四象限的准确象限角，可以用 arctan2()
舍入（凑整）	floor(), ceil(), rint(), around()	向下、向上取整，rint() 按照四舍五入规则舍入到最近的整数，around() 能够指定舍入到的位数。注意这里的凑整并不说明返回结果数组的元素是 int 型
排序、查找和统计	argsort(), argmax(),argmin(),mean()	返回排序索引（数组元素顺序不变化，数组元素的顺序由索引体现）、最大值以及最小值出现的位置、数组元素的均值
其他	sqrt(), sqaure(), sign(),absolute(),abs()	按元素计算平方根、平方、符号（以 -1，0，1 反映参数的正负情况）、绝对值

此外，作为一个服务于科学计算和数值计算的功能全面的工具，NumPy 还提供排序、搜索、统计、多项式、矩阵、线性代数、傅里叶变换和随机抽样

等许多许多方面的计算功能。根据实际的数值计算需要有针对性地学习和使用相关功能。

4. 向量数据处理举例

向量概念源于数学，向量数据的处理能够在这一组数据上进行整体处理。向量计算能够更好地服务于数学计算以及生活中的一些典型应用。

（1）用向量记录函数映射并作图。

我们知道，函数本质上反映的是一个或多个自变量到因变量的映射，掌握了作图的方法后，我们还习惯使用函数图像直观地体现函数的变化特征。NumPy 的向量计算使得它非常适合表达这样的关系。

假设有如下函数用于描述正弦信号公式中的参数 A、f 和 φ，分别表示振幅、频率和相位，描述了信号的固有特性。

$$f(\boldsymbol{x})=A \cdot \sin(2\pi ft+\varphi)$$

给定 A、f 和 φ 的值时函数呈现什么样的变化规律，能否用直观图形表现这个函数呢？借助 NumPy 和 Matplotlib 可以很好地回答这个问题。

```
import numpy as np
import matplotliB. pyplot as plt

A, f, phi = eval(input("A, f, phi?:"))
r = 1 if f > 1 else 1/f
t = np.linspace(-r, r, f*100)
y = A * np.sin(2*np.pi*f*t + phi)

plt.plot(t, y)
plt.grid()
plt.show()
```

程序首先输入逗号分隔的 A、f 和 φ 三个参数。如果输入的频率大于 1，就选择 [−1,1] 区间作为函数的 t 取值区间，如果输入的频率小于或等于 1，就选择$\left[-\frac{1}{f}, \frac{1}{f}\right]$区间作为函数的 t 取值区间，确保在选定的区间上有不少于两个函数周期。

变量 t 是使用等分区间所得到的向量，程序中产生的样本点个数选择为频率的 100 倍，频率越高采样点越多。向量 *y* 则是根据公式要求使用 np.sin( ) 函数计算，按照逐元素计算的原则，计算出向量 *x* 中各元素对应的正弦值，作为 *y* 向量中的元素值。最后，程序用 Matplotlib 库根据 t 和 *y* 向量中的值绘图。

如图 11-3 所示，程序运行时，输入“5，2，0”，可以看到振幅为 5，频率为 2Hz（可以观察 -1~0 的区间上有两个完整的正弦周期信号），初始相位为 0 的正弦信号的波形。又比如输入“1,0.5,1.57”，可以看到振幅为 1，频率为 0.5Hz，初始相位为 π/2 的正弦信号，实际上也就是初始相位为 0 的余弦信号。

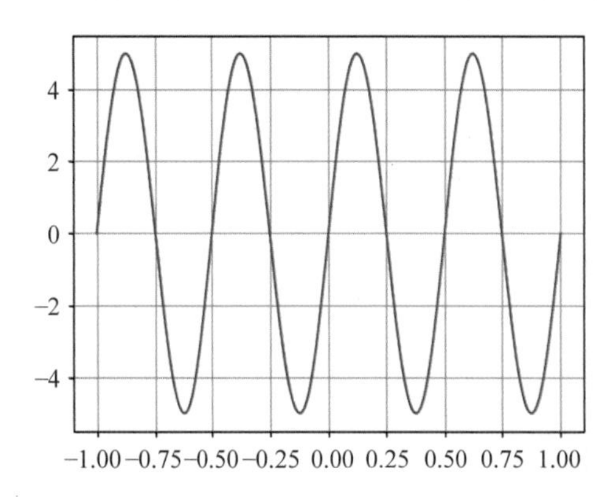

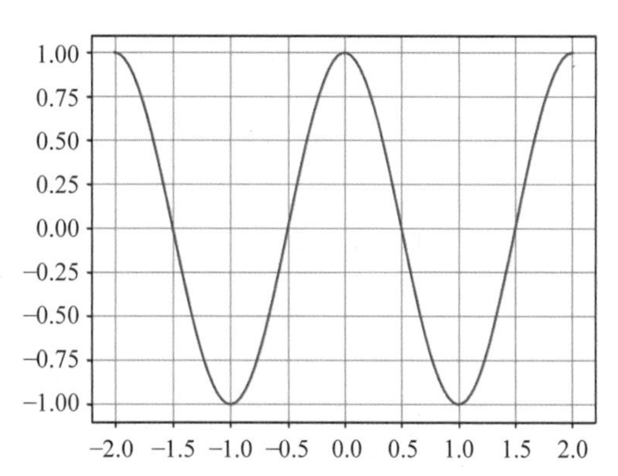

图 11-3　程序绘制的函数图像

类似于上面的例子，也可以使用向量计算更加复杂的函数并绘图（如图 11-4 所示）。例如，自然界很多客观事物的分布遵循图 11-4 的规律，大量的样本都将出现在中心点均值附近，越是远离中心点的情况，出现的概率越小。这种分布规律可以使用一个更为复杂的公式描述。

$$f(x)=\frac{1}{\sigma\sqrt{2\pi}}e^{-\frac{1}{2}\left(\frac{x-\mu}{\sigma}\right)}$$

图 11-4　正态分布的函数图像

下面的程序代码计算上面这个被称为正态分布（也叫高斯分布）的函数，并利用 Matplotlib 绘制了相应的函数图像。

```
import numpy as np
import matplotliB. pyplot as plt
import math

def normal_distribution(x, mu, sigma):
    return np.exp(-0.5 * ((x-mu)/sigma) ** 2) / (sigma * math.
sqrt(2*np.pi))

mu, sigma = 0, 1
x = np.linspace( mu - 6 * sigma, mu + 6 * sigma, 100)
y = normal_distribution(x, mu, sigma)

plt.plot(x, y, 'b', label='$\mu={},\sigma={}$'.format(mu,
sigma))
plt.legend()
plt.grid()
plt.show()
```

（2）坐标平面中的向量计算。

假设有平面上的一个质点，从 A 点出发，沿直线方向依次经过 B、C、D、E、F 点最后回到 A 点。如果设从 A 点出发时时间为 0，按照上述顺序经过各点的时间分别为 5、7、10、13、14、18，计算各段的方向和速度。

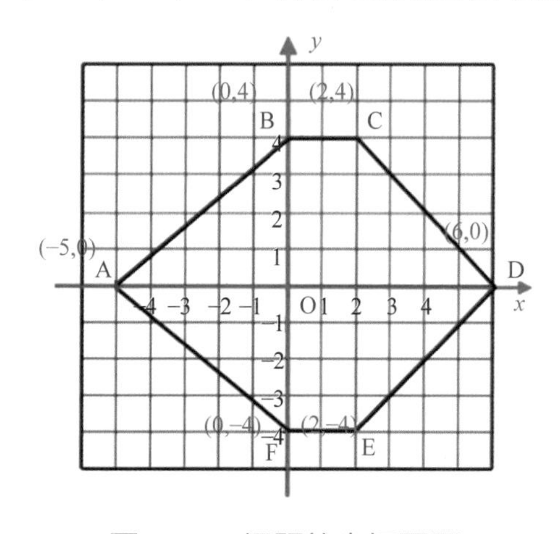

图 11-5　问题的坐标平面

以下程序能够完成相应的计算。

```
import numpy as np

p = np.array(['A','B','C','D','E','F','A'])
x = np.array([-5,  0,  2,  6,  2,  0, -5])
y = np.array([ 0,  4,  4,  0, -4, -4,  0])
t = np.array([0,   5,  7, 10, 13, 14, 18])

delta_x, delta_y, delta_t = np.diff(x), np.diff(y), np.diff(t)
angles = np.arctan2(delta_y, delta_x) * 180 / np.pi
lens = np.sqrt(np.square(delta_x) + np.square(delta_y))
for i, (ll, aa, tt) in enumerate(zip(lens, angles, delta_t)):
    print('{}->{}：方向{:6.1f}°，距离{:4.1f}，时间{:4.1f}，速度{:4.1f}。'
        .format(p[i], p[i+1], aa, ll, tt, ll/tt))
```

程序运行结果如下。

```
A->B：方向   38.7°，距离 6.4，时间 5.0，速度 1.3。
B->C：方向    0.0°，距离 2.0，时间 2.0，速度 1.0。
C->D：方向  -45.0°，距离 5.7，时间 3.0，速度 1.9。
D->E：方向 -135.0°，距离 5.7，时间 3.0，速度 1.9。
E->F：方向  180.0°，距离 2.0，时间 1.0，速度 2.0。
F->A：方向  141.3°，距离 6.4，时间 4.0，速度 1.6。
```

程序主要运用了 np.diff( ) 计算经过的不同点的 X 坐标、Y 坐标以及经过时间的差值，相当于计算出平面中的向量，进一步可以求得向量的长度和方向。向量的长度可以用二维平面中的点的距离计算公式求得。计算方向用到了 np.arctan2( ) 函数，它能够根据 y 值和 x 值，给出四象限中的象限角，在本例中比 np.arctan( ) 函数更符合我们的需要。有了向量的长度以及时间，自然也就容易计算出速度。除了为了分段显示轨迹以及计算并显示速度之处用到了循环外，程序的大部分运算都利用了 NumPy 的向量计算特性。

（3）商品销售中的向量计算。

假定某商店出售 10 种商品，各种商品的进价、定价以及一段时间内的销

售量如表 11-6 所示。

编号	1	2	3	4	5	6	7	8	9	10
进价	3	3.2	4	4.2	6	8	15	20	22	40
定价	3.5	4	4.5	5	7	10	20	30	35	50
销量	120	150	128	88	65	20	23	15	12	8

图 11-6　某商店的商品销售信息

编程求解以下问题的答案。

（1）计算营业额和利润。

（2）筛选利润贡献最高和最低的商品。

（3）假定商品价格下调 5%（打九五折）后商品销量将会上涨 20%，现对所有的商品均做这样的调价（调价后定价舍入到小数点后第一位，即四舍五入到角；相应的单品商品销量舍入到整数），这样的薄利多销是否会带来短期的利润上升?

（4）如果仍做（3）中假定，但只选择调价方案中利润最大的 4 种商品调价，如何选择？调价后的利润是多少?

```
import numpy as np
a = np.array([3.0, 3.2, 4.0, 4.2, 6.0, 8.0, 15, 20, 22, 40])
b = np.array([3.5, 4.0, 4.5, 5.0, 7.0, 10., 20, 30, 35, 50])
c = np.array([120, 150, 128,  88,  65,  20, 23, 15, 12,  8])
d = (b - a) * c
p1 = np.dot(b - a, c)   # 也可以使用 np.sum(d)
print('营业额：{:.1f}, 利润：{:.1f}'.format(np.dot(b, c),\
 np.dot(b - a, c)))
_max, _min = np.argmax(d), np.argmin(d)
print('利润贡献最高：{}({}), 利润贡献最低 {}({})'.format(
    _max + 1, d[_max], _min + 1, d[_min]))
b2 = np.around(b * 0.95, decimals=1)
p2 = np.dot(b2 - a, np.rint(c * 1.2))
print('原利润：{:.1f}, 新利润：{:.1f}'.format(p1, p2))
print('所有商品降价 5% 的调价方案会带来短期利润的', '上升' \
if p2 > p1 else '下降')
indices = np.argsort((np.around(b * 0.95, decimals=1)-a) *
np.rint(c * 1.2))
```

```
print('调价的 4 种商品编号依次为：', indices[:-5:-1] + 1)
e = np.full_like(b, False)
e[indices[-4:]] = True
# print(np.where(e, (b2 -a) * np.rint(c * 1.2), (b - a)*c))
p3 = np.where(e, (b2 -a) * np.rint(c * 1.2), (b - a)*c).sum()
print('使用该调价方案后利润：{:.1f}'.format(p3))
```

要求的计算任务初看起来，似乎和向量数据及向量计算无关，但实际上仍然可以使用向量数据处理。这是因为对全部商品或部分商品调价的处理，以及营业额利润等计算，都可以用向量计算完成。具体来说，*a* 向量和 *b* 向量分别保存了商品的进价和定价数据，*c* 向量保存了商品销售数量数据。利用 *b* 和 *c* 的向量数量积（也叫点积）可以直接计算出总的销售额，计算利润也类似，只是要使用 *b* 和 *a* 的减运算的结果（相当于每种商品的差价或者利润）和向量 *c* 进行数量积运算。要找出利润贡献最高和最低的商品，首先要用向量计算得到每种商品的利润，本例中即为 *d* 向量。在 *d* 向量中找出最大值的和最小值的位置索引，使用 np.argmax( ) 和 np.argmin( ) 函数，注意不是 max( ) 和 min( )，因为我们关心查得的是索引号（代表了某种商品）。

本单元主要学习了向量数据和向量计算的编程，利用 NumPy 库构造向量数据，并在这样的数据上进行向量计算。本单元后面的习题，有助于检验大家的学习效果，抓紧做一下吧。

习　题

1. 下列用于创建数组的语句中，不正确的是（　　）。

   A. a = np.array(1，2，3)　　B. b = np.array([1，2，3])

   C. c = np.arange(1，3)　　D. d = np.linspace(1，3)

2. 执行以下语句后，选项中值不为 5 的是（　　）。

```
import numpy as np
d = np.arange(10)
```

A. d[5]　　B. d[5:5]　　C. d[2:8][3]　　D. d[2:8][–3]

3. 执行以下语句后，选项中值**不为** 4 的是（　　）。

```
import numpy as np
d = np.arange(9).reshape((3, 3))
```

A. d. flat[4]　　B. d. T[1，1]

C. d[1:2, 1:2][0，0]　　D. d. flatten( )[–4]

4. 执行以下语句后，选项中值**不为** 4 的是（　　）。

```
import numpy as np
a = np.arange(-4, 5)
b = np.abs(a)
```

A. b[0]　　B. a[–1]

C. np.sum(a[3:–1])　　D. np.sum(b)//5

5. 执行以下语句后，程序的输出结果是（　　）。

```
import numpy as np
a = np.array([1, 2, 3])
print(a**2-a)
```

A. [1 2 3]　　B. [0 0 0 0 0 0]

C. [0 2 6]　　D. 语句执行出错

6. 编写程序实现身高、体重和 BMI 指数等计算，要求如下。

（1）有七位运动员的身高分别为 189cm，174cm，226cm，184cm，178cm，155cm，171cm，他们的体重分别为 87kg，63kg，141kg，71kg，72kg，46kg，52kg。按上述数据顺序构造一个 NumPy 二维数组，并使用向量计算完成以下计算。

（2）计算并输出所有运动员的平均身高和平均体重（在同一行显示，数值精确到小数点后 1 位，数据后跟一个空格）。

（3）计算和输出所有运动员的 BMI 指数（所有运动员的 BMI 指数显示在同一行，精确到小数点后 1 位，每个 BMI 数据后跟一个空格），并筛选过重（BMI≥24）和偏轻（BMI<18.5）的 BMI 指数作为下一行输出内容（BMI 指数

精确到小数点后 1 位，每个 BMI 数据后跟一个空格）。

说明：

BMI 称为身份质量指数，计算公式为 BMI= 体重 / 身高的平方（国际单位 kg/m^2）。

样例：

输入：

```
无键盘输入
```

输出：

```
182.4 76.0
24.4 20.8 27.6 21.0 22.7 19.1 17.8
24.4 27.6 17.8
```

第12单元
图像数据

“小帅，文本到数值，甚至是向量计算我都了解了。但图像它却是看得到，摸不清，怎么办？”

“图像数据没有那么神秘，它实际就是你已经了解的向量数据。画面有像素，像素有颜色或者像素值。像素值能变换或者运算，就是图像处理啦！”

文字在传递信息和推动人类文明发展中，拥有重要的地位，但人所接受的大部分信息仍然来自图像。得益于计算机存储能力和处理能力的不断增强，数字图像数据得到了持续深入和广泛的应用。另外，倍受欢迎的视频应用，其中的视频本质上说也是持续播放着连续画面。因此了解数字图像数据的处理，具有重要的意义。

12.1 以数字化认识图像

要理解计算机中的图像数据，归根结底是要理解我们习惯用眼睛观察到的画面或视觉感受如何以数字化进入计算机以及在计算机内如何表示。

1. 数字图像的获取和构成

人之所以能够用双眼去观察世界，本质上是因为人眼是一个复杂的成像系统。我们能够用手机或者数码相机捕捉现实中的画面，因为它们也都是类似的数字化成像系统。以拍照为例，拍摄场景中的物体在光源的照射（例如太阳）下发生光的反射，反射的光线通过镜头进入成像系统，入射光线被光电器件及相关电路转换成一定的电信号，从而使得光照强度被量化和编码成二进制数据。这个过程如图 12-1 所示，最终形成一个用若干行、若干列的二维矩阵所表示的图像。矩阵中每一个单元称为一个像素（pixel），像素的取值体现了图像中一个点的亮度信息。这类数字图像称为栅格图像。成像系统形成的像素矩阵的

规模，具体体现在我们熟悉的成像分辨率的性能指标方面。

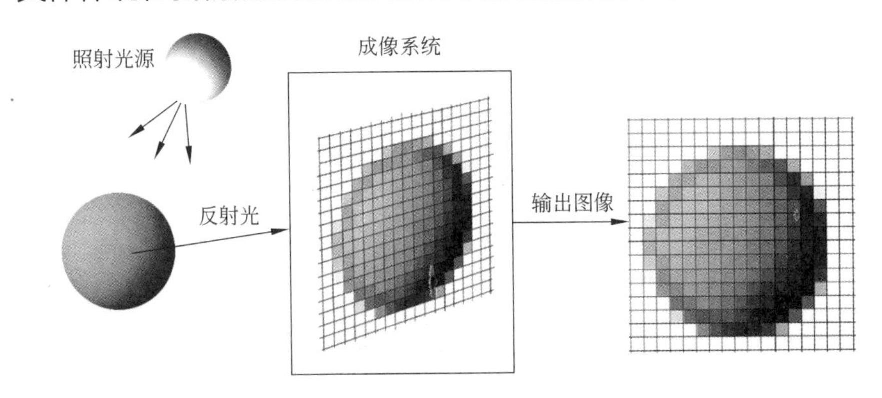

图 12-1　数字成像系统原理

光电器件一般并不感应色彩，而仅将不同的光照强度变换成像素数据，因此该数据称为像素的灰度级别。彩色图像实际是对红、绿、蓝三种不同的颜色分别进行量化编码的处理，从而形成三个通道的图像数据。在显示设备上显示数字图像时，会混合三个通道的颜色从而得到特定的颜色。三原色的搭配可以产生如图 12-2 所示色环中的任意色彩（注：图 12-2 中的颜色种类非常有限，是一个 12 色色环，即把圆周进行 12 等分，因此离散化非常明显。试想一下如果加大等分数目后色环会有什么样的变化）。也可以认为彩色图像的一个像素的取值不是一个数值，而是多个数值构成的元组，如（r，g，b）。

图 12-3 是通过手机拍照所获取的一幅数字图像。

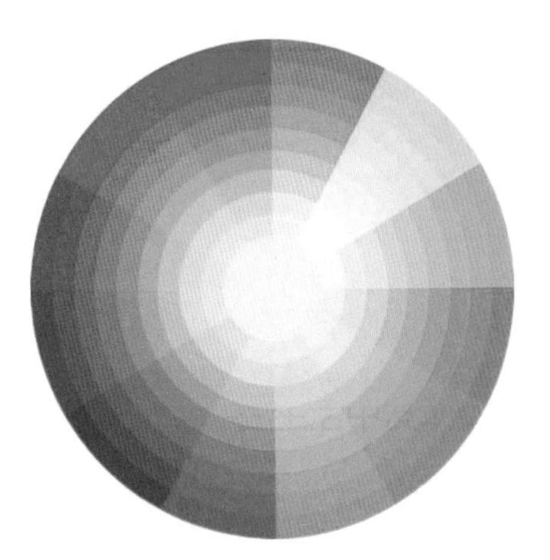

图 12-2　色环体现颜色的量化

图 12-3　一幅数字图像以及图片文件的元数据

数字图像的原始数据，其数据量是相当大的。借助查看文件属性，了解到图片针对图 12-3 给出的数字图像的尺寸是宽度 4608px，高度 3456px，这是一幅真彩色图像，颜色模式为 RGB，也就是说，每个像素用 3B 保存其色彩值，

我们可以计算这个数字图像的原始数据量大小：

$$4608 \times 3456 \times 3 = 47\ 775\ 744\text{B} \approx 45.5625\text{MB}$$

但实际查看图片文件大小发现约 3.32MB。为什么计算的图像数据量和图片文件大小不同，而且有着十多倍的差别？这就是多媒体技术中一个永恒的主题——压缩技术。通常，在存储数字图像时，按照一定的压缩标准将数字图像编码从而压缩成数据量更小的图像文件，在需要查看和处理数据图像时，先将压缩后的数字图像文件进行解码以还原出数字图像数据。常用的 JPG 格式所使用的压缩标准，一般可以将数字图像数据量压缩到原有的 1/10 左右。数字图像通常采用有损压缩，即解码所得到的数据并不完全和编码前的数据相同，因此，高压缩比是以牺牲图像细节为代价的。

【问题 12-1】 把素材 JPG 文件（或者其他图片）另存为 BMP 文件，比较两者文件大小。

BMP 图像代表 bitmap，即位图文件，文件中的数据是未经压缩的原始图像数据。通过观察文件大小可以发现，该文件略大于前面计算的 47 775 744B。这是因为在存储未经压缩的数字图像数据以外，文件中还有一定字节数的文件头内容，用于记录数字图像的特征（例如图像尺寸）以及文件结构组织等。

2. 利用 PIL 和 NumPy 洞悉数字图像

既然说数字图像数据是矩阵形式的像素数据，这正好就是 NumPy 在向量数据处理方面的数组结构吗？没错，我们马上要一起用 NumPy 来查看图像数据。但同时也容易想到处理图片文件有一定的复杂度，这是因为图像格式多种多样，每一种格式都有相应的特定文件结构规范，而且还可能涉及压缩解压缩。正所谓术业有专攻，在处理图像文件时，不宜直接使用二进制文件的读写接口，而应考虑借用专用的第三方库。

本单元使用 Python 图像处理一个重要的库——Pillow，本节主要应用 Pillow 打开和显示图像。对图像进行更丰富的处理，将在 10.2 节介绍。

是 Pillow 还是 PIL？

PIL（Python Imaging Library，Python 图像处理库）是一个历史上的图像处理库，在 2011 年终止了维护。它只支持 Python 2.7，不适用于目前主流 Python 3.x 编程。Pillow 是由 PIL 分化及演变发展的组件，它继承了 PIL 的衣钵，扛起 PIL 的大旗继续前行，并且支持 Python 3.x。为了方便编程，Pillow 组件的模块名称仍然叫 PIL。因此，本单元中所使用的 Pillow 和 PIL 含义相同。

（1）安装 PIL。

在命令行界面中执行以下命令，更新本机 pip 以及安装 Pillow 组件。

```
python3 -m pip install --upgrade pip
python3 -m pip install --upgrade Pillow
```

（2）使用 PIL 打开和关闭图像文件。

PIL 模块中的 Image 子模块的 open( ) 函数提供了打开图像文件的手段。下面的程序就是对图像文件的简单处理。

```
from PIL import Image
im = Image.open("lake.jpg")
im.show()
im.close()
```

其中，Image.open( ) 返回的 Image 对象代表所打开的图像。之后，使用 im.show( ) 用于显示该图像。最后使用 im.close( ) 关闭图像文件，使得 PIL 释放相应的资源。这段代码遵循了“打开→使用→关闭”文件操作的一般步骤。

程序运行后，你会在系统默认的看图程序中看到打开的图片。

（3）数字图像的属性。

通过打开的 Image 对象，可以了解数字图像的格式和尺寸等信息，如表 12-1 所示。

表 12-1　Image 对象的重要属性

属　性	意　义
format	图像文件的格式，典型的取值有 JPEG、PNG 等
mode	图像的颜色模式，典型的取值有 RGB、CMYK、L、RGBA 等。其中，CMYK 为彩色印刷中常用的一种颜色模式，L 表示灰度级别
size, width, height	图像的尺寸，其中，size 是一个元组，即 (width, height)
n_frames	图像的帧数，一种俗称“动图”的 GIF 格式文件可以有多幅画面。该属性的访问方式也要使用 getattr(im, "n_frames", 1)

下面的程序显示了当前打开的图像的相关属性。

```
print(im.format, im.mode, im.size, im.width, im.height)
JPEG RGB (4608, 3456) 4608 3456
```

（4）数字图像的像素数据。

可以方便地把 PIL 图像的像素数据转换为 NumPy 的数组，也可以利用 NumPy 数组作为图像数据构造 PIL 图像。可以使用表 12-2 中的两个函数。

表 12-2　Image 对象和 NumPy 数组的双向转换

函　数	意　义
np.asarray(Image)	把 Image 中的数字图像数据转换为 NumPy 的 Array
Image.fromarray()	从 NumPy 的 Array 构造 PIL 的 Image 对象

下面的程序展示了 Image 到 NumPy 数组的转换。

```
from PIL import Image
import numpy as np
im = Image.open("lake.jpg")
data = np.asarray(im)
print(data. shape, data. ndim, data. dtype)
im.close()
```

程序输出结果为：

```
(3456, 4608, 3) 3 uint8
```

这说明，图像数据在 NumPy 中是三维数组，相当于 800 行 ×1200 列 ×3 层。

这里的 3 层来源于 R、G、B 三个通道。

图 12-4（a）左上角的像素用数组 [56 100 161] 记录其颜色，其含义是红色分量等于 56、绿色分量等于 100，蓝色分量等于 161。显然，该颜色中蓝色分量最大，符合我们对蓝天的视觉感受。类似地，图像右下角的像素用数组 [101 107 45] 记录其颜色，由于各分量值更小，像素颜色更暗淡。并且最后一行像素的颜色值大都红、绿分量较大，蓝色分量很小，这与图 12-4（a）右下角植物是相符的。

PIL 图像的坐标原点位于左上角。因此，data[0][0] 的内容是 [56 100 161]，也就是说得到了如图 12-4(a) 所示的图像左上角的像素值。

如果使用 print(data) 打印数组，则控制台会显示类似于图 12-4（b）中所示的数据（为此处省略了大量输出内容）。

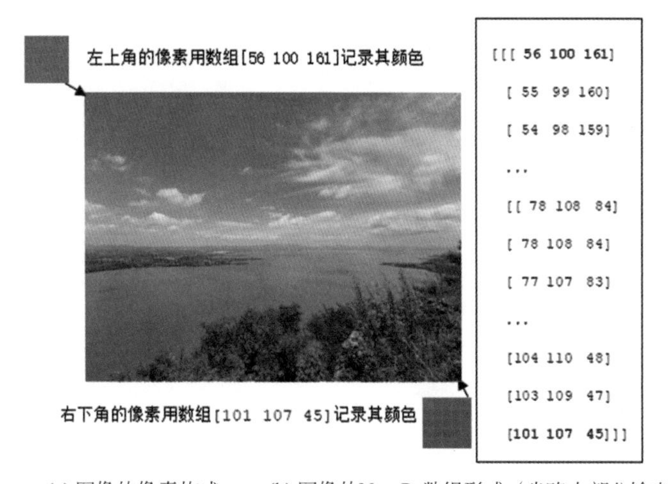

(a) 图像的像素构成　　(b) 图像的NumPy数组形式（省略大部分输出）

图 12-4　一幅数字图像以及图片文件的元数据

基于图像数据数组，进行索引和切片操作，具有非常实际的意义。例如：

```
print(data[0], data[-1])
print(data[:, 0], data[:, -1])
print(data[:im.height//2, :im.width//2])
```

其中，data[0] 对应于图像中第一行所有像素的数据，data[-1] 对应于图像中最后一行所有像素的数据；而 data[:,0] 对应于图像中第一列所有像素的数据，data[:,-1] 对应于图像中最后一列所有像素的数据。data[:im.height//2, :im.widht//2] 则截取出原图像左上角 1/4 幅面图像。

截取到的图像数据，仍然是 NumPy 数组，如果真的想要这样的数据所表

示的图像，则是使用 Image.fromarray( ) 的时刻。使用起来非常方便。例如：

```
im2 = Image.fromarray(data[:im.height//2, :im.width//2])
im2.show()
```

程序执行时，将在照片查看程序中查看所截取的这一部分图像。另外，还可以使用 Image.save( ) 方法把截取的一部分图像内容保存成新的图像文件。

```
im2 = Image.fromarray(data[:im.height//2, :im.width//2])
im2.save('crop.jpg')
```

程序执行时，会将截取的图像内容保存为 crop.jpg 文件保存在当前目录。

数组第三个维度也可以索引和切片，访问像素数据中的 R、G 或 B 分量。

程序运行时，会打印以下内容，并显示如图 12-5 所示图像。

```
print(data[0, 0, 2])
im3 = Image.fromarray(data[:, :, 2])
print(im3.mode, im3.size)
im3.show()
  161
  L (4608, 3456)
```

图 12-5　仅含有一个通道数据的图像

其中，输出的 161 是图像左上角的像素的蓝色分量（参考图 12-4），L 表示这个数字图像是灰度级别颜色模式。前面说过，单个通道的颜色是没有色彩

意义的，只有亮度级别的意义。(4608，3456) 则说明该图像和原始图像的尺寸相同。

除使用 NumPy 直接切片得到通道数据外，也可使用 Image 类的方法完成。

Image.getchannel( ) 接受整数或者字母表示的通道名称。例如，可以使用 im.getchannel(0) 返回红色通道，im.getchannel('G') 得到绿色通道数据。Image.getbands( ) 方法能够返回图像中各个通道的名称（例如 R、G、B 等）。

Image.split( ) 以元组的形式返回多个通道的数据，每个通道的数据是元组中的一个元素。例如，使用 r，g，b = im.split( ) 获取三个通道的数据。

图 12-6 展示了包含 RGB 通道的原图像以及分离的各个通道的灰度级别图像。非常明显，以本例的情况来看，R 通道和 B 通道的灰度级别图像都明显不符合人们对“黑白照片”的灰度级别体验。PIL 从原始图像转换而来的灰度级别模式的图像，和 G 通道的灰度级别图像比较接近，这是因为 PIL 参考了 ITU-601 标准，按照以下变换公式：

$$L=0.299R+0.587G+0.114B$$

从 R、G、B 通道分量计算出了灰度级别。式中的 L 代表亮度。不同的标准中可能使用不同的权重值，但大都具有绿色最突出和蓝色最少量的共同特征。

RGB	R	
G	B	L

图 12-6　一幅真彩色图像的各个通道数据的图像以及该图像转换的灰度级别图像

请试一试，能不能通过编程查看原图像的 R、G、B 各个通道的灰度级别图像，以及相应的灰度级别模式图像?

在了解图像数据的矩阵形式组织特点后，不难理解，对图像数据的切片等运算，都能反映出一定的图像处理原理。只要有 NumPy 的图像数据，结合 NumPy 的向量数据处理，就可以实现从简单到复杂的图像处理。而借助 PIL 库，能更方便地实现众多图像处理的功能。

12.2 图像数据的处理方法

对图像的处理，可能是简单地把彩色照片转换为黑白照片，可能是把曝光不足的照片提高亮度，也可能是修复照片中部分甚至是全部区域中的图像内容，甚至是实现更加复杂的艺术化效果。本节将从 PIL 库的使用出发，介绍一些典型的图像数据处理方法。

1. 图像的创建以及格式模式的转换

（1）创建 Image 图像对象。

前面已经介绍过 Image.open( ) 函数的使用，通过打开图片文件来创建 Image 对象。例子中也介绍了使用 Image.fromarray( ) 函数，利用 NumPy 的数据来构建图像对象。此外，还可以使用 Image.new( ) 函数创建指定大小的图像。

```
PIL.Image.new(mode, size, color=0) -> Image
```

其中，mode 参数指定创建的图像的模式（参见表 12-1）。size 是一个二元组，指定图像的宽度和高度。color 指定一个值作为填充图像每一个像素的颜色，根据图像的模式给定单个值或者以元组提供多个通道的灰度级别值。例如，以下代码将会创建一个 640×480 的 RGB 图像，并且图像被填充为红色。

```
im = Image.new("RGB", (100, 100), (255, 0, 0))
```

（2）转换图片格式。

在前面曾经提到 .save( ) 函数可以用于保存图像文件。

```
Image.save(fp, format=None, **params)
```

format 参数可以指定保存格式，例如 JPEG 或者 PNG 等。也可以不指定该参数，由 PIL 根据第一个参数指定的文件扩展名去推断图片格式。例如：

```
im = Image.open("lake.jpg")
im.save("lake.png")
```

但要注意这种转换可能受到一定的格式限制。例如，CMYK 颜色模式的 JPEG 图像文件不能转换成 PNG 格式，因为 PNG 格式不支持 CMYK 颜色模式。当然，也可以在转换图片模式后再转换格式。

（3）转换图片模式。

基于 NumPy 数组中不同图层的灰度级别数据，可以将 RGB 通道有效合成为亮度，从而转换为灰度级别图像。使用 PIL 的图片模式转换功能可以直接达到这样的目标。

```
Image.convert(mode=None) -> Image
```

例如，想要将图像转换为灰度级别模式图像，可以使用：

```
newim = im.convert('L')
```

convert( ) 函数返回新的 Image 对象，不改变原有 Image 对象。

【问题 12-2】 请尝试用 PIL 编程的方式创建一个 100px 宽、100px 高的图像，图像颜色模式 RGBA，图片格式为 PNG 格式，图像的填充颜色为（192，192，192，128）。保存和显示该图像文件。

2. 图像的几何变换

图像的几何变换是图像处理中更为引人注目的操作。

（1）裁剪图像。

```
Image.crop(box=None) -> Image
```

crop( ) 方法实现裁剪。参数 box 的值以 (left，upper，right，lower) 元组表示左上角和右下角的坐标。下面的程序裁剪图像中的一部分作为新的图像。

```
newim = im.crop((1150, 1400, 1150 + 1920, 1400 + 1080))
```

（2）调整图像尺寸。

原始图像数据固然重要，但有时可能需要使用图像的小尺寸版本。毕竟，小尺寸数据量更小，对存储和传输的要求更低。

```
Image.resize(size) -> Image
```

resize( ) 方法的参数 size 的是包含两个整数的元组，指定调整后图像的宽度和高度。例如，以下代码将原始图像的宽度和高度均缩小一半。

```
im.resize((im.width//2, im.height//2)).show()
```

但如果使用如下语句，则使得图像产生明显变形。

```
im.resize((im.width//3, im.height//2)).show()
```

如果使用如下语句，图像尺寸增大，像素数增多，但图像并没有增加有用信息，增加的像素用插值法从现有像素计算得到。通常图像显得糊糊和不清晰。

```
im.resize((im.width*2, im.height*2)).show()
```

resize( ) 方法的可选参数 box，指定一部分图像区域作为源数据。相当于先裁剪再缩放。例如，im.resize(((960, 540)), box=(1150, 1400, 1150 + 1920, 1400 + 1080)).show( ) 语句先在指定位置截取了 1920×1080px 的图像部分，并把这部分截取的图像缩小到 960×540px 大小。

（3）为图像生成缩略图。

在大量图片文件的归档管理场合，产生缩略图是一种很实用的功能。

```
Image.thumbnail(size)
```

thumbnail( ) 方法的 size 参数的值是包含两个整数的元组，指定缩略图的最大宽度和最大高度。PIL 能够在保持图像宽高比例的情况下，产生缩略图。

例如，下面的代码片段形成缩略图，以前述图片示例为例，则产生的缩略图为宽 120px、高 90px（原图像尺寸为 4608px×3456px，宽高比是 4∶3）的图像。

```
im.thumbnail((120,120))
```

thumbnail( ) 函数直接影响当前 Image 对象，替换图像数据。如果想同时保留原始图像对象和缩略图对象，可以用 Image.copy( ) 方法产生图像副本。例如：

```
ori_im = im.copy()
im.thumbnail((120,120))
```

（4）图像旋转和多种 transpose 变换。

```
Image.rotate(angle, resample=0, expand=0, center=None,
 translate=None, fillcolor=None) -> Image
```

rotate( ) 方法实现图像的旋转。参数 angle 指定旋转的角度 (以° 为单位)，取正值时，表示按逆时针旋转，取负值时，表示按顺时针旋转。expand 参数默认为 False，旋转后的图像尺寸不变，这可能造成部分像素旋转后超出图像区域而被裁剪，expand 如果为 True 时，则自动扩展图像的尺寸以及容纳旋转后的图像。旋转后会产生部分位置缺少原图像中对应的像素，默认会产生黑色的像素颜色，fillcolor 可以指定旋转图像以外的区域的填充色。例如：

```
im.rotate(45)
im.rotate(90, fillcolor=(255,255,255))
im.rotate(-45, expand=True)
```

以上不同参数产生的旋转效果如图 12-7 所示。

Image 类还提供 transpose( ) 方法，实现一些标准几何变换。

```
Image.transpose(method) -> Image
```

method 参数接受指定 FLIP_LEFT_RIGHT、FLIP_TOP_BOTTOM、ROTATE_90、ROTATE_180、ROTATE_270、TRANSPOSE 和 TRANSVERSE 等 7 个常量作为变换方式。这些常量定义在 PIL.Image 模块中。图 12-8 展示了这 8 种变换的效果。

此处提供的 ROTATE_90 和 Image.rotate(90) 虽然都是达到逆时针旋转 90° 的变换，但经 transpose( ) 变换后，图像的尺寸也发生了变化 (即宽度和高度对调)，并不会产生旋转图像外的区域的填充，因此更具有实用意义。

图 12-7　不同的图像旋转操作结果

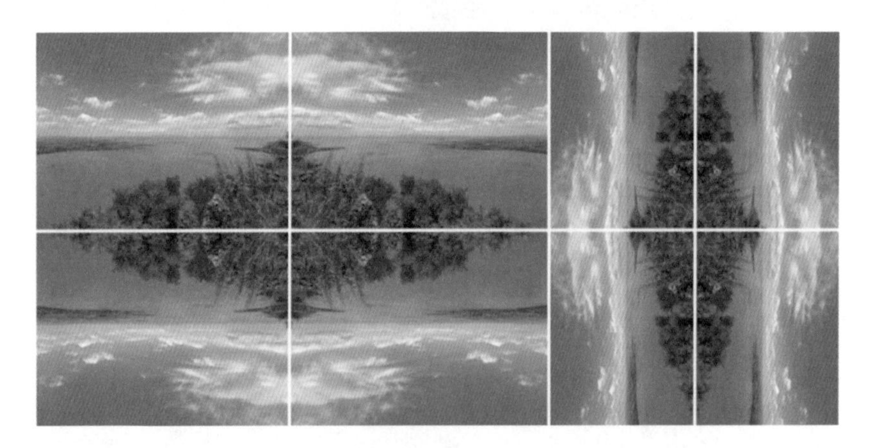

图 12-8　不同的 transpose 变换结果

3. 图像的合成

（1）用粘贴图像实现拼图。

拼图或者将多幅图像合成为一幅图像，是一种非常常见的图像处理。例如，把多张图拼成九宫格，甚至是把一张图直接叠放在另一张图上从而“合成”出一张图像。可以使用 paste( ) 函数完成这些操作。

```
Image.paste(im, box=None, mask=None)
```

其中，参数 im 指示要将哪一个图像粘贴于当前图像上；box 可以指定一

个四元组或者二元组指示粘贴的范围，建议使用二元组指示粘贴区域的左上角位置坐标；mask 参数指定一个掩码图像，具体使用可以参见稍后的例子。

示例——制作九宫格

考虑一个简单的九宫格，如图 12-9 所示，在一张图像中横向和纵向上均排列三幅图像，图像外部均留有一定的边距。假设每个格子的尺寸是 240px × 180px，格子外的边距是 10px，那么容易计算这样的九宫格的总体尺寸为 760px × 580px。创建该尺寸的图像，以白色填充，之后，把格子尺寸的图像粘贴到恰当的位置即可。具体程序如下。

图 12-9　一个九宫格示例

```
from PIL import Image
C_WIDTH, C_HEIGHT, GAP = 240, 180, 10
im = Image.open("lake.jpg").resize((C_WIDTH, C_HEIGHT))
new_im = Image.new("RGB",
        (3*C_WIDTH+4*GAP, 3*C_HEIGHT+4*GAP), (255, 255, 255))
for r in range(3):
    for c in range(3):
        new_im.paste(im, (r*C_WIDTH + (r+1)*GAP, c*C_HEIGHT +
(c+1)*GAP))
```

（2）分离和合并通道。

我们已经知道 RGB 模式包括 R、G、B 三个通道的灰度级别数据，借助

NumPy 的切片或者 PIL 提供的 Image.split( ) 方法等操作可以分离通道数据。分离通道数据不仅有助于加深对数字图像数据的认识，也有着实际应用价值。有时，数字图像中某个或某些通道的数据在图像处理中具有重要作用。不仅可以对多个通道进行相同的处理，也可以只针对特定的通道进行处理，或者在不同的通道上进行不同的处理。使用 PIL 的 merge( ) 函数可以合并多个通道的数据。

```
PIL.Image.merge(mode, bands) -> Image
```

参数 mode 指示合并通道的结果图像的颜色模式，bands 以元组方式提供每一个通道的图像。例如，下面的程序首先分离出 desert.png 图像中的 R、G、B、A 四个通道数据，又将 B 通道、G 通道、R 通道合并，相当于交换了图像中的红色和蓝色通道，从而产生了图 12-10 中很奇特的图像处理结果。

（注：PNG 图像格式支持 RGBA 颜色模式，A 表示 Alpha，用于控制透明程度。）

图 12-10　分离和合并通道的图像处理结果

```
im = Image.open('desert.png')
r, g, b, a = im.split()
Image.merge('RGB', (b, g, r)).show()
```

（3）使用 blend( ) 混合两个图像。

如果希望实现如图 12-11 所示的合成效果，可以使用 blend( ) 函数加以实现。

```
PIL.Image.blend(im1, im2, alpha) -> Image
```

函数通过两幅图像的像素数据进行插值计算得出结果图像的数据。参数 im1 和 im2 是两个 Image 对象，两个图像必须要有相同的图像模式和尺寸。alpha 用于控制在合成中第一个图像和第二个图像的比例，具体使用如下公式。

图 12-11　混合图像的处理结果

```
out = image1 * (1.0 - alpha) + image2 * alpha
```

如图 12-10 所示图像处理效果是使用如下程序合成得到的。不妨尝试调整参数 alpha 的值并观察结果图像的变化。

```
blended_im = Image.blend(Image.open("lake.jpg"), Image.open("twotower.jpg"), 0.3)
```

直接利用 RGBA 模式的 PNG 图像中的 Alpha 通道控制合并

前面介绍到的 blend( ) 提供了 Alpha 参数控制插值计算，该参数对图像中的每一个像素的处理都是相同的。而 RGBA 模式图像中的 Alpha 分量可以控制每一个像素的透明度，这为每一个像素独立控制插值合成比例奠定了基础。

下面的程序可达到这种合成应用。

```
im1 = Image.open("lake.jpg").convert("RGBA")
im2 = Image.open("hepingge.png").resize((500, 500))
im1.paste(im2, (1800, 1100), im2)
im3 = im2.resize((800, 800))
im1.paste(im3, (2500, 1500), im3)
im3 = im2.resize((200, 180)).rotate(-30)
im1.alpha_composite(im3, (950, 200))
```

代码中值得注意的是，paste( ) 的第三个参数和第一个参数相同，对于 RGBA 图像，其中的 Alpha 通道被利用。和平鸽图像（hepingge.png，如图 12-12（b）所示）中和平鸽以外的部分是透明的，所以在结果图像中得到

了充分体现。使用带透明信息的 PNG 合并时，可使用 alpha_composite( ) 方法调用形式。

(a) 合并结果

(b) 合并所使用的带透明像素的PNG图像

图 12-12　PNG 图像中的 Alpha 通道控制合并

（4）使用 ImageDraw 模块绘制文字。

有时我们希望给图像添加文字水印，PIL 的 ImageDraw 模块能够胜任这项工作。例如，下面的程序给图像上添加文字得到如图 12-13 所示效果。

```
from PIL import Image, ImageDraw, ImageFont

im = Image.open("lake.jpg")
draw = ImageDraw.Draw(im)
font = ImageFont.truetype(" 楷体 _GB2312.ttf", 300)
draw.text((1500, 1000), text=" 我爱你中国 ",
font=font, fill=(255,255,0))
```

图 12-13　含有绘制文字的图像

程序导入了 ImageFont 模块，用于按照指定字体“绘制”文本，导入了 ImageDraw 模块，并且构造了 Draw 类对象，调用 Draw.text( ) 函数在指定的位置（800，100）处实际绘制了文本“我爱你中国”，文本的填充色使用黄色。

4. 图像颜色变换以及图像增强和图像滤波器

图像中的每一个像素都有其像素值，像素值发生变化，则图像就发生变化。因此图像处理中有一个很重要的方面——图像增强就是采用一定的方法进行像素值的变换，从而达到使图像在具体应用中更加有用的目标。

（1）图像上的点运算。

最为基础的图像颜色变换就是点运算（操作），指的是给定一个像素值，变换后的结果仅由该像素值确定。也就是说，点运算的核心就是从一个像素值映射到另一个像素值。图 12-14 就是一些利用了点运算得到的处理结果。

图 12-14　点运算的图像处理

在 PIL 中可以通过 Image.point( ) 函数实现点运算。

```
Image.point(lut) -> Image
```

其中，lut 一般传入一个函数以体现映射规则，当函数比较简单时推荐使用 lambda 表达式。

例如，以下语句说明把像素值（在通道中即为灰度级别）小的变大，大的变小，产生的效果就是图像处理中的反相效果。

```
im.point(lambda i: 255 - i)
```

而以下语句则使得图像的亮度降低。

```
im.point(lambda i: int(0.6 * i))
```

上面两句都是在所有通道的灰度级别上使用相同的变换规则。而以下程序仅在蓝色通道上进行变换。使得蓝色通道中灰度级别较低的维持原有值，而灰度级别较高的进一步放大。所以在图像中能够使得原有的蓝色系颜色显得更蓝。

```
r, g, b = im.split()
Image.merge("RGB", (r, g, b. point(lambda i: i if i < 128 
else min(255, int(i*1.2)))))
```

你可以找找这几句代码分别对应于图中的哪个结果。

除了纯手工实现的图像增强，也可以直接使用 PIL 中的 ImageEnhance 模块提供的图像增强功能，以实现图像的对比度、亮度等方面的图像增强。

（2）PIL 提供的图像增强工具。

PIL 在 ImageEnhance 子模块中提供多个图像增强类，这些类遵循相同的接口，调用 enhance( ) 函数实现图像增强。enhance( ) 函数需要一个增强因子参数。

有 Color、Contrast、Brightness 和 Sharpness 四种图像增强类，分别用于色彩平衡、对比度、亮度和锐度的调节。构造图像增强对象均以 Image 作为参数。类似于导入 Image 子模块，使用时注意导入 PIL.ImageEnhance 子模块。

以下程序使得图像像素亮度达到原像素的 0.6 倍，和前述点操作作用相同。

```
from PIL import Image, ImageEnhance
...
enhancer = ImageEnhance.Brightness(im)
new_im = enhancer.enhance(0.6)
```

类似地，如果使用下面的程序，将会使图像变得更加锐利。

```
enhancer = ImageEnhance.Sharpness(im)
new_im = enhancer.enhance(6)
```

实际上，Sharpness 锐度增强工具不是基于点运算的，而是要根据一个像素以及其周围若干个其他像素（称为邻域）进行一种特定计算。运算不是在单个像素上，而是在一个邻域上，因此也称为邻域运算。

邻域运算通常会选取和邻域相等大小的一个二维矩阵（矩阵可以看成是一个二维数组），对应位置值相乘后再累加，其结果作为该像素新的取值（NumPy 的向量计算非常适用于此种计算）。对图像中每一个像素，逐一地做上述处理。在信号处理和数字图像处理中这种处理称为滤波（Filtering），决定了对每一个像素做何种计算的二维矩阵称为核（Kernel），也称为滤波器（Filter）。

如图 12-15 所示即为一个核，它针对图像中的一个像素，在以该像素为中心的 9 个像素上求平均值，并把结果作为该像素位置在结果图像中的值。不难理解，使用这个核所完成的滤波特点使得它被称为算术均值滤波器。数学上把这种运算称为卷积计算，它是数字图像处理以及更一般的信号处理领域的重要数学工具。除上面提到的卷积计算外，还可以增加偏移量，得到更一般的滤波器（类似于数学上把 $y=ax$ 推广到 $y=ax+b$）。前面提到的核，也常称为卷积核。

$\frac{1}{9}$	$\frac{1}{9}$	$\frac{1}{9}$
$\frac{1}{9}$	$\frac{1}{9}$	$\frac{1}{9}$
$\frac{1}{9}$	$\frac{1}{9}$	$\frac{1}{9}$

图 12-15　3×3 的卷积核

如果觉得滤波器的概念理解存在一定的困难，也可以直接使用 PIL 在 ImageFilter 子模块中提供的一组预定义的图像增强滤波器以及一些更加灵活的滤波器类，甚至可以提供自己定义的卷积核。预定义的滤波器如表 12-3 所示。

表 12-3　PIL 提供的一组预定义滤波器

预定义滤波器名称	作　用
BLUR	模糊效果
CONTOUR	轮廓效果，结果类似于素描图
DETAIL	细节效果
EDGE_ENHANCE	边界增强效果，能够增加边界周围像素的对比度
EDGE_ENHANCE_MORE	程度更大的边界增强效果
EMBOSS	浮雕效果
FIND_EDGES	寻找边界效果，通常视觉上类似轮廓效果反相
SHARPEN	锐化效果，能增加每一个像素与周围像素的对比度
SMOOTH	平滑效果，和锐化效果作用相反
SMOOTH_MORE	程度更大的平滑效果

可以调用 Image.filter( ) 方法并传入滤波器作为参数对图像滤波。

```
Image.filter(filter) -> Image
```

例如，要使用 BLUR 滤波器，可以使用如下代码。

```
im.filter(ImageFilter.BLUR)
```

要得到轮廓效果，可以使用如下代码。结果如图 12-16 所示。

```
im.convert('L').filter(ImageFilter.CONTOUR)
```

图 12-16　预定义滤波器的图像处理效果

上述过滤器可以直接使用名称，但不带参数。PIL 也有参数化的滤波器。以模糊效果为例，除了直接使用 ImageFilter.BLUR 外，还可以使用 BoxBlur 或 GaussianBlur 类来实现模糊处理，并且这两个类需要指定半径参数。例如：

```
im.filter(ImageFilter.BoxBlur(2))
im.filter(ImageFilter.GaussianBlur(2))
```

$$\frac{1}{256}\cdot\begin{bmatrix}1 & 4 & 6 & 4 & 1\\4 & 16 & 24 & 16 & 4\\6 & 24 & 36 & 24 & 6\\4 & 16 & 24 & 16 & 4\\1 & 4 & 6 & 4 & 1\end{bmatrix}$$

图 12-17　高斯模糊卷积核

两者都产生了在 5×5 邻域上的滤波器（参数 2 说明了像素作为中心点向两侧延伸的像素数）。不同之处在于，构造的 BoxBlur 完成了计算邻域内 25 个像素的平均值作为中心点像素的值（参考图 12-15）。而 GaussianBlur 则不是简单的算术平均值，而是另一种权重分配，如图 12-17 所示。越靠近中心点权重越高，越远离中心点，权重越低。

本单元主要学习了数字图像数据的组织和处理，它的核心是利用基于像素数据的组织和处理，重点在于使用 PIL 进行图像处理。本单元的习题，有助于检验大家的学习效果，抓紧做一下吧。

1. 使用手机或相机拍摄的照片，颜色模式和图片格式通常分别是（　　）。

   A. JPG，PNG　　B. RGB，JPG

   C. PNG，RGB　　D. RGB，PNG

2. 运行下列代码后，不能获取红色（R）通道的图像或图像数据的是（　　）。

```
from PIL import Image
import numpy as np
im = Image.open("RGB. jpg")   # 假设图像的颜色模式为 RGB
data = np.asarray(im)
```

   A. im.getbands( )[0]　　B. im.getchannel(1)

   C. data[:, :, 0]　　D. im.split( )[0]

3. im 是 PIL.Image 对象，不能使图像顺（逆）时针旋转 90 °的是（　　）。

   A. im.rotate(90, fillcolor=(255,255,255))

   B. im.rotate(270)

   C. im.transpose(Image.ROTATE_90)

   D. im.transpose(Image.TRANSPOSE)

4. 有关图像合成的 PIL 操作，以下描述**正确**的是（　　）。

   A. 函数 merge( ) 可以用于合并两幅尺寸相同的 RGB 图像

   B. 函数 paste( ) 要求粘贴图像的来源和目的区域有相同的尺寸

   C. 函数 blend( ) 可以用于合并两幅尺寸相同的 RGB 图像

   D. 只有 RGBA 颜色模式的图像才能够实施图像合成

5. 有关图像增强，以下描述正确的是（　　）。

A. 图像增强必须使用点运算实现

B. 图像增强必须使用邻域运算实现

C. 基于点运算实现的图像反相不属于图像增强

D. ImageEnhance.Sharpness(im).enhance(6) 使图像更加锐利

6. 编写程序使用 PIL 库实现图像处理，要求如下。

（1）将 IMG1.jpg 图像的宽度缩放到原尺寸的一半，并从缩放后的图像中截取图像左上角 1000px × 1000px 的部分图像。

（2）在 IMG2.jpg 图像上执行 ImageFilter.BLUR 模糊滤波器处理，截取处理后的图像右下角 2000px × 2000px 的部分图像。

（3）将要求（2）所得图像缩放到与（1）所得图像相同尺寸，并按照各占 50% 的比例混合图像，保存为“合并图像 .jpg”。

（4）为要求（3）所得到的图像生成 100px × 100px 缩略图（文件名为“缩略图 .jpg”）。

说明：

（1）程序处理后不允许修改 IMG1.jpg 和 IMG2.jpg 图片文件。

（2）程序生成的“缩略图 .jpg”存放于当前路径。

样例：

输入：

```
无键盘输入
```

输出：

```
无控制台输出，程序生成 " 合并图像 .jpg" 和 " 缩略图 .jpg" 文件。
```